Ken Jennings/ John Stahl-Wert
Dienen lernen im Leadership

Ken Jennings
John Stahl-Wert

Dienen lernen im Leadership

Mit fünf Grundsätzen zum
›Serving Leader‹

Mit einem Vorwort von Ken Blanchard

Aus dem Amerikanischen
von Günther D. Franke

Die Originalausgabe erschien 2003 unter dem Titel
»The Serving Leader« bei Berrett-Koehler Publishers, Inc.,
San Francisco, CA, USA. Alle Rechte vorbehalten.

Bibliografische Informationen der Deutschen Bibliothek

Die Deutsche Bibliothek verzeichnet diese Publikation in
der Deutschen Nationalbibliografie; detaillierte bibliografische Daten sind im Internet über http://dnb-d-nb.de
abrufbar.

ISBN 978-3-89749-767-2
2. Auflage 2007
Frühere Ausgabe unter dem Titel »Serving Leaders«

Projektleitung: Ute Flockenhaus, Fischerhude
Lektorat: Dr. Michael Madel, Ruppichteroth
Umschlaggestaltung: Koemmet Agentur für
Kommunikation, Wuppertal
www.koemmet.com
Umschlagfoto: bildhaft München/Yvonne Bauer
Satz und Layout: Das Herstellungsbüro, Hamburg
www.buch-herstellungsbuero.de
Druck und Bindung: Salzland Druck, Staßfurt

Copyright © der Originalausgabe 2003 by Ken Jennings,
John Stahl-Wert and the Blanchard Family Partnership
Copyright © 2004 der deutschsprachigen Ausgabe by
GABAL Verlag GmbH, Offenbach
Alle Rechte vorbehalten. Vervielfältigung, auch auszugs-
weise, nur mit schriftlicher Genehmigung des Verlages.

www.gabal-verlag.de

Inhalt

Vorwort 7
Einführung 10

Mike Wilsons Tagebuch 13
Eine Umleitung auf der Schnellspur 15
Eine neue Aufgabe 25
Die Aufgabe: die Pyramide auf den Kopf stellen 37
Die nächste Aufgabe: die Latte höher legen 56
Die nächste Aufgabe: den Weg bahnen 74
Ein zerstörtes Gleis in Stand setzen 94
Die nächste Aufgabe: Stärken aufbauen 107
Die wichtigste Aufgabe: etwas ganz Großes wollen 123
Der Serving Leader 141

Danksagung 149
Strategische Hilfsmittel 155
Über die Autoren 164

Dieses Buch ist allen Kollegen und Kunden gewidmet, von denen wir etwas lernen durften, und den »Armies of Compassion« (Armeen des Mitleids), die jetzt zur Wiederherstellung unserer Seele als Nation überall im Land Appelle abhalten.

Insbesondere ist es Philadelphias »Amachi Initiative«* gewidmet, die (wie viele andere) auf großartige Weise zeigt, wie Führungskräfte handeln, wenn sie sich entschieden haben, zu dienen.

> * Eine Initiative zur beruflichen Qualifizierung Jugendlicher, deren Eltern als Strafgefangene in Gefängnissen sitzen

Vorwort

Ich bin ganz begeistert darüber, dass es gelungen ist, Ken Jennings und John Stahl-Werts ausgezeichnetes Buch *The Serving Leader* in die *Ken Blanchard Series* aufzunehmen. Dieses Buch wird für Sie eine Anregung sein, Ihren Führungsstil anders zu gestalten. Ich glaube sogar, dass Sie nach der Lektüre wünschen werden, Ihr ganzes Leben in Zukunft anders zu leben als bisher. Es zeigt Ihnen aufs Schönste die einfachen Wahrheiten, die den Wert eines Menschen ausmachen und steigern.

Weil Ken Jennings und John Stahl-Wert dieses Buch gemeinsam geschrieben haben, ist es kaum verwunderlich, dass dabei ein so verblüffendes Werk wie *The Serving Leader* entstanden ist. Oberflächlich betrachtet könnten Ken und John gar nicht verschiedener sein. Ken ist ein sehr agiler Managementberater, der unentwegt zwischen den vielen Unternehmen hin und her reist, die er berät. John hingegen ist ein Vor-Ort-Manager, der die ganze Zeit an Ort und Stelle bleibt, gemeinsam mit seinen Partnern arbeitet und exzellente Ergebnisse für diesen einen Standort herbeiführt.

Aber gemeinsam haben sie jetzt in diesem Buch einen einzigartigen Appell an die Führungskräfte aus Industrie, Kommunen, Kirchen und gemeinnützigen Organisationen gerichtet. Aus zwei unterschiedlichen Lebenswegen ist eine einheitliche Version eines überlegenen Führungsstils und einer bestimmten Einstellung zum menschlichen Umgang miteinander entstanden. Wenn Sie jenen Führungsstil beherzigen und jene Einstellung gewinnen, können Sie für sich selbst und für die Menschen, die Sie führen und für die Sie da sind, etwas sehr Positives bewirken – ein Leben lang.

Was dieses Buch aber am meisten auszeichnet, sind die Qualität und die Schönheit des Erzählens. Ken und John bieten dem Leser eine packende Geschichte – dieser will das Buch gar nicht mehr aus der Hand legen. Ein verlorener Sohn, sein im Sterben liegender Vater und eine Gruppe ganz unterschiedlicher Führungskräfte mit neuen Ideen, Manager aus der Industrie, von Hilfsorganisationen und Bürgerinitiativen – das ist das Personal dieses Buches, durch das dem Leser klar wird, was einen wahren *Serving Leader* ausmacht.

Wenn dieses Buch auch im Stil erzählender Literatur präsentiert wird, lassen sich die Führungskräfte und Organisationen, die Ken und John abbilden, doch auf tatsächliche Vorbilder zurückführen. Auch die beschriebenen Ergebnisse und Erfolge stimmen mit den schier unglaublichen Erfolgen überein, die im wirklichen Wirtschaftsleben und in tatsächlich bestehenden Organisationen erreicht worden sind. Ganz am Ende des Buches stellen uns die Autoren einige dieser märchenhaften Erfolgsgeschichten aus dem realen Wirtschaftsleben vor.

In einer Hinsicht ist *The Serving Leader* ein wirklich praktisches Handbuch, das es schaffen kann, die Idee des »Dienens« in den Führungsspitzen von Unternehmen und Organisationen zu verankern – und auch in Ihrem Leben und in Ihrer Arbeit. Zudem ist es ein Buch über den Prozess des Wachsens, dem sich jede Führungskraft, die zu Großem berufen ist, stellen und den sie bewältigen muss.

In diesem Sinne ist es für mich eine besondere Genugtuung, Ihnen das großartige und richtungweisende Werk zweier meiner guten Freunde zu präsentieren. Genießen Sie dieses Buch und lassen Sie sich Mut machen. Denn Sie wurden geboren, um besser zu sein.

Ken Blanchard
Koautor der Bücher *The One Minute Manager*®,
Empowerment Takes More Than a Minute, *Raving Fans*®,
Gung Ho!®, *Whale Done!*® und *Full Steam Ahead!*

Einführung

In dieser Geschichte dreht sich alles um Führung: Führung in Teams, in Betrieben, in Gemeinschaften. Es ist aber auch eine Geschichte über Persönlichkeitsentwicklung, und sie erzählt auch davon, wie *gute* Führungskräfte zu *großen* Unternehmensführern werden, nämlich durch ihre Bereitschaft, sich den großen Herausforderungen ihres Lebens zu stellen und an ihnen zu wachsen.

Die Story ist aus unserer Freundschaft mit Mike Wilson entstanden. Mike ist jemand, den wir beide sehr gut kennen. Er taucht überall dort auf, wo auch wir tätig sind. Mögen Orte und Aufgaben auch variieren, Mike ist doch so gut wie immer da. Als Führungskraft verfügt er über eine erstklassige Ausbildung und er ist hoch motiviert, seine beruflichen und finanziellen Ziele zu erreichen.

Aber Mike möchte in seinem Leben mehr erreichen als nur erfolgreich sein. Er ist auf der Suche nach dem tieferen Sinn seines Lebens als Führungskraft und er möchte in einem wirklich sinnvollen Leben seine Erfüllung finden. Auf der Suche nach diesem tieferen Sinn fühlt sich Mike allerdings oft recht erfolglos. Manchmal fühlt er sich sogar völlig verloren.

Jedes Mal, wenn wir mit Freunden über diese Geschichte sprachen, stellten sich Fragen wie diese: »Ist die Geschichte von Mike wahr? Und wenn dem so ist, wo können wir ihn finden?« Die beste Antwort, die wir darauf geben können, ist diese: Mikes Geschichte ist wirklich wahr. – Und die Chance für *Sie*, gleich im Büro neben Ihrem Büro einen Menschen wie ihn zu finden, ist ziemlich gut. Er fährt jeden Morgen im gleichen Zug wie Sie zur Arbeit. In der Eingangshalle gehen Sie jeden Tag an ihm vorbei. Sie können diesen Menschen aber auch gleich hier in Ihrem Büro sehen, wenn Sie von Ihrer Lektüre aufschauen und Ihren Blick schweifen lassen.

Vielleicht sollten wir auch ein paar Worte über unsere Freundschaft sagen, aus der diese Geschichte entstanden ist. Auf den ersten Blick scheinen wir beide so gut wie nichts gemein zu haben. Ken ist ein Unternehmensberater, der seinen Wohnsitz anscheinend im Streckennetz der internationalen Fluggesellschaften hat, das die großen Ballungsräume Amerikas, Europas und Asiens miteinander verbindet. John hingegen managt eine öffentliche Institution. Er arbeitet in einer großen Stadt, und da wohnt er auch. Er verlässt diese Stadt und seine Kollegen dort so selten wie möglich. Ken hat es mit Spitzenmanagern großer Unternehmen zu tun, John mit Führungskräften der Verwaltung an der Basis. Kens Arbeit konzentriert sich auf die Führung von Unternehmen, John muss sich mehr auf Treu und Glauben konzentrieren. In den Kategorien Raum und Zeit ausgedrückt, ist Kens Arbeit raumgreifend und zeitintensiv, während bei John wohl genau das Umgekehrte gilt.

Wenn man von diesen Verschiedenheiten einmal absieht, verläuft unser Leben aber doch ziemlich vergleichbar. Wir arbeiten beide jeden Tag mit Männern und Frauen wie Mike Wilson. Auf welchem Flughafen Ken auch landet, und auf welcher Straße John auch immer geht, ist auch Mike da. Und er versucht stets, diese schmerzlich empfundene Kluft zu überwinden, die zwischen seinem harten Arbeitstag und diesem nagenden Gefühl des Unerfülltseins besteht.

Da wir hier gerade beim Vorstellen sind, können wir auch noch einen Schritt weiter gehen. Wir, auch wir, sind Mike Wilson. Mögen die Details auch erdichtet sein, so ist der tiefste Grund von Mikes Geschichte doch real – und sehr wahr.

Vielleicht erkennen Sie sich in Teilen dieser Geschichte auch ein wenig selbst wieder. Wenn ja, dann sind Sie schon in der richtigen Richtung unterwegs. Wir hoffen, dass Ihnen dieses Buch ein wenig die Richtung weist und Sie ermutigt, diesen Weg der beruflichen und der persönlichen Vervollkommnung weiter zu gehen. Denn dies ist unerlässlich, wenn Sie Führungsverantwortung übernehmen und wahrnehmen wollen.

Mike Wilsons Tagebuch

Eine Umleitung auf der Schnellspur

Warum sitze ich bloß in diesem Zug? Wenn ich geflogen wäre, dann wäre ich schon längst da. So aber muss ich noch vier Stunden herumsitzen. Ich kann nicht viel anderes tun, als darüber zu sinnieren, in was ich mich da hineinmanövriert habe.

Ich fühle mich gerade so, als wäre ich wieder acht. Vater braucht nur zu sagen: »Warum fährst du nicht mit der Bahn da runter, mein Sohn? Da hast du Zeit zum Nachdenken.« Und genau das tue ich dann auch. So als ob ich die Zeit dafür hätte, stundenlang einfach da zu sitzen und »nachzudenken«. So als würde mir Bahn fahren gefallen.

Mit Zügen verhält es sich so: Züge zeigen einem nur das, an was man vorbeifährt. Niemals das, wo man hinfährt. Alles, was man durchs Fenster sehen kann, ist schon gewesen. Da sind wir schon gewesen. Nur selten einmal biegt sich der Schienenstrang so weit, dass man wenigstens einen kurzen Blick auf die vor einem liegende Strecke erhaschen kann. Aber sobald der Zug wieder geradeaus in Richtung auf sein Ziel fährt, bleibt einem wieder nichts anderes als hinten zu sitzen und auf das zu schauen, was an einem vorbeizieht. Wenn man eine Stunde so verbracht hat, ist man mehr als gelangweilt.

Streichen wir den letzten Satz! Ich bin nicht gelangweilt. Und, ganz im Ernst, es ist auch nicht der Umstand, in diesen Zug eingesperrt zu sein, der mir am meisten Kopfzerbrechen macht. Viel mehr stört mich, dass ich nicht weiß, was mich am Ziel meiner Reise erwartet. Ich habe sogar Angst, es herauszufinden. Ich mache mir große Sorgen über Papa. Ich weiß gar nicht, warum ich so viel Zeit damit verbringe, hier ganz allein herumzusitzen.

Wahr ist aber auch: Ich habe Züge *eigentlich* immer geliebt. Ziemlich sogar. Es ist eine der Erinnerungen, die ich *doch* an Vater habe. Eine der viel zu wenigen Erinnerungen. Und darum geht's eigentlich *wirklich*. Hier so zu sitzen, lässt mich an so vieles denken, das ich verloren habe. So vieles!

Hier ist er also, Chef: ein Tagebucheintrag. Ich glaube, dass ich auf dem richtigen Weg bin!

In Ordnung, Mike, genügend Zeit auf der Couch des Psychiaters verbracht! Hier ist ein Vorschlag: Streich einfach alles durch. Ich bezweifle, dass Charlie das trübsinnige Gequassel eines verlorenen Sohnes lesen will.

Bitte: Lass mit meinem Papa wieder alles gut werden!

Also gut, noch mal anfangen. Offizieller Tonfall diesmal.

Tagebucheintrag: »Hintergrund und Orientierung.«

Vor zwei Monaten gab mir Charlie den Auftrag, für unsere Firma den Geschäftszweig »Führungskräfte: Entwicklung und Training« ganz neu aufzubauen. Die neue Gruppe sollte aus unserer Bostoner Zentrale heraus operieren. Ich war versierter Betriebswirt, Master of Business Affairs (MBA), hatte zehn Jahre Praxis als Management-Berater und bei fünfzig Kunden rund um den Globus Erfahrung gesammelt – und während allem hatte ich immer den Gedanken im Hinterkopf, einmal die Chance zu bekommen, die Führung zu übernehmen. Mit meinen 38 Jahren war ich für den Aufbau des jüngsten und vielversprechendsten Arbeitsgebiets in unserer Firma verantwortlich. Mein Leben war in der richtigen Spur!

Kunden bei der Lösung schwieriger strategischer Probleme zu beraten, bei der Durchsetzung ihrer Kampagnen und bei der Verbesserung ihrer Kostensituation – das alles ist für unsere Firma Routine. Auf *eine* besondere Beratungsleistung für unsere Kunden hatten wir uns bis zum jetzigen Zeitpunkt aber noch niemals konzentriert: auf den Aufbau von Führungskompetenz und Führungseffizienz in Unternehmen und Organisationen. Als Beratungsfirma hatten wir jedoch genug Erfahrung und Reputation erworben, um jetzt Leistungen auch auf diesem Feld anzubieten. Aber ich war mir darüber im Klaren, dass wir das Handwerkszeug für das Thema »Führungseffizienz« – noch – nicht optimal beherrschten. Als meinen Auftrag verstand ich, ein Führungsmodell zu entwickeln, »das wirklich was bringt«, wie Charlie es etwas salopp genannt und von uns verlangt hatte.

Also wühlten wir uns – ich meine ich und die Kollegen, die ich in mein Team berufen hatte – durch alles, was es an Material über Führungsbefähigung und -effizienz gibt: Persönlichkeitsbilder, Charaktereigenschaften, Wertvorstellungen, Führungsmodelle, eben einfach alles. PowerPoint-Präsentationen schwirrten zwischen unseren Büros hin und her wie aufgescheuchte Fledermäuse. Wir führten Interviews mit den besten Geschäftsführern und geschäftsführenden Vorständen, den besten CEOs, die es im Lande gab, scannten Stapel von Artikeln, sprachen mit Professoren und mit einschlägigen Autoren, kurz wir sammelten wahre Gebirge von Daten, Meinungen und Fakten. Wir fühlten uns so, als steckten wir mitten in den Vorbereitungen für eine Himalajaexpedition. Ich fühlte mich großartig.

Schon bald kristallisierten sich die ersten Leitlinien und grundlegenden Erkenntnisse heraus. Und auch einige besonders verblüffende Beobachtungen, die uns anspornten, noch tiefer zu graben.

Da hatte zum Beispiel ein Team um einen Professor aus Boulder in Colorado, ein »Privatgelehrter« und Extremkletterer namens Jim Collins, einige besonders verblüffende Fakten gefunden. Er hatte festgestellt, dass für besonders signifikante Leistungsverbesserungen von Unternehmen oft Manager verantwortlich waren, deren Persönlichkeitsbild und Führungsstil weit außerhalb des traditionellen Rasters lagen. Seine Untersuchungen beschrieben Führungspersönlichkeiten, die persönlich bescheiden (und in manchen Fällen sogar schüchtern!) waren, sich mehr um andere kümmerten als um sich selbst, die aber, wenn es um die Verbesserung der Unternehmensleistung ging, knallhart und fest entschlossen waren, genau das zu tun und durchzusetzen, was nach ihrer Auffassung erforderlich war. Irgendwie schien es gar nicht zusammenzupassen, dass ausgerechnet die Fähigkeit, sich selbst zurückzunehmen und nicht in den Vordergrund zu stellen, zu großen Ergebnissen führen sollte, aber die Fakten waren einfach zwingend.

Gerade jetzt wird mir klar, dass es diese Untersuchungen von Collins gewesen sein müssen, die in mir ein erneutes Nachdenken über meinen Vater in seiner Eigenschaft als Unternehmensführer auslöste. Einverstanden, ein Minuspunkt für diese ellenlange Bahnfahrt wird Collins abgezogen. Ich denke an die Wirtschaftsakademie zurück, wo ich mehr als genug gehänselt worden bin – wegen meines berühmten Vaters. In einer der im Unterricht verwendeten »Management-Fallstudien« über Führungsfähigkeit, Ethik und Entscheidungsfindung in der Unternehmensführung wurde ausführlich auf ihn eingegangen. Ehrlich gesagt, habe ich in die Lektüre dieses Textes nicht viel Zeit investiert. Papa war so berühmt, von vielen bewundert, so beliebt. Aber mir, seinem Sohn, hatte er so wenig von sich selbst gegeben. Das war ein wunder Punkt. Und ist es noch.

Ich schnitt an dieser Akademie nicht ganz so gut ab, und meine Studienkollegen zogen mich ganz schön auf. Nicht, dass es mich groß gekümmert hätte; ich schoss zurück und ließ sie wissen, die meisten von ihnen seien ohnehin mehr für Sozialarbeit geeignet als für die Wirtschaft.

Doch die Lektüre der Arbeiten von Collins ließ mich das alles noch mal überdenken. Was ich so vom Hörensagen über Vaters Arbeits- und Führungsstil wusste, war dem Profil des »effektiven Managers« verdächtig ähnlich, so wie ihn Collins beschreibt. Es war mir sogar schon der Gedanke gekommen, dass mein alter Herr mir eine Hilfe sein könnte, wenn ich wieder mal eine neue Führungsaufgabe in der Praxis übernehmen sollte. Genau vor einer Woche hatte ich wieder einmal an Papa gedacht und mir dabei gewünscht, ich könnte meine verletzten Gefühle so weit überwinden, dass ich auf ihn zugehen und einige seiner Ideen in die Tat umsetzen könnte.

Ich sollte etwas vorsichtiger damit umgehen, mir etwas zu wünschen. Denn just an demselben Tag, an dem mir diese Gedanken durch den Kopf gingen, rief Mutter an.

»Hallo, mein Sohn«, sagte Mama. »Wie bin ich froh, dass ich dich mal erreicht habe. Hast du ein paar Minuten Zeit?«

Ihre Worte kamen leichthin gesagt daher, aber ihre Stimme hatte nicht ganz den normalen, beiläufigen Klang wie sonst. Eine gewisse Wachsamkeit ergriff mich. Natürlich hatte ich ein paar Minuten Zeit, mit meiner Mutter zu plaudern!

»Es geht um Vater«, fuhr sie bedachtsam fort. Sie räusperte sich. »Ich habe dieses Gespräch schon eine Weile vor mir her geschoben, Mike. Papa fühlt sich in letzter Zeit nicht so gut.« Ihre Stimme bekam einen Knacks, und es wurde still in der Leitung.

»Ach, gib mir einfach mal den Hörer, Margaret!«, brach mein Vater das Schweigen. Die Stimme meines Vaters hatte diesen gewissen ungeduldigen Unterton, den ich so gut an ihm kannte. In meinen Ohren hörte er sich ganz normal an.

»Hör zu, Mike«, sagte er, »zurzeit steht's nicht ganz so gut um mich. Heute Morgen war ich beim Arzt, und es gibt da tatsächlich ein Problem. Es läuft darauf hinaus, dass ich in mancherlei Hinsicht etwas kürzer treten muss. Er möchte, dass ich mich einer kleinen Behandlung unterziehe. Und etwas ausspanne.« Ich war baff. Ich machte den Mund auf, aber ich brachte keinen Ton heraus. Mir fehlten einfach die Worte. »Ich brauche jetzt deine Hilfe, Mike«, fuhr er fort. Seine Stimme klang auf einmal wie eine arg verkratzte Schallplatte. »Ich bin hier in einige Topführungsprojekte involviert, und sie sind alle in einem entscheidenden Stadium.« Jetzt war Papa mit dem Räuspern dran. »Ich habe mir gedacht, du könntest eine Zeitlang für mich einspringen, für ein paar Wochen vielleicht«, kam er zum Schluss.

Nichts von dem, was er gesagt hatte, konnte ich auf Anhieb verarbeiten. Mein Vater, der anerkannte Meister der Untertreibung und Zurückhaltung, soweit es seine persönlichen Befindlichkeiten betraf, hatte gesagt, er habe ein Problem! Er müsse sich einer kleinen Behandlung unterziehen!

»Ich habe darüber schon mit deinem Chef gesprochen. Er sagte mir, dass du angefangen hast, für die Firma den Bereich ›Führungseffizienz‹ aufzubauen. Insofern könnte mein Vorschlag für uns beide von Nutzen sein.« Er bereitete sein Anliegen gründlich vor. »Während du uns aushilfst, wird dir das hiesige Team vermitteln, was wir über die einzig richtige Annäherung an das Führungs-Thema gesammelt haben. Umgekehrt schlägt Charlie vor, dass du über deine Arbeit hier Tagebuch führst, und ich habe einige Freunde, die dir später helfen können, etwas Nützliches daraus zu machen.« Ich hörte einen schnellen Schnaufer, als er seine kleine Rede beendet hatte.

»Kommst du und hilfst mir, mein Sohn? Bitte!«

Und damit begann mein »Forschungssemester« zum Thema »Führungseffizienz«. Es lässt sich kaum in Worte fassen, wie ungewöhnlich es war, dass ich mich zu einer so abrupten Veränderung meines Lebens und Verhaltens bewegen ließ. Ich war genau mittendrin in allem, was ich schon immer gewollt hatte. Ich stand auf der Schwelle zu einer Zukunft, von der ich immer geträumt hatte. Die unerbetene Intervention meines Vaters bei meinem Chef gefiel mir daher alles andere als gut. Und ich wiederhole: Ich fühlte mich wieder wie der achtjährige Junge von einst!

Und trotzdem zögerte ich keinen Augenblick. Wie Mamas Stimme geklungen hatte. Was Papa gesagt hatte. Was ich tief drinnen im Herzen gefühlt hatte. Das alles führte automatisch zu einem bejahenden »Klick«.

Am nächsten Tag verteilte ich meine laufenden Aufgaben an die Mitglieder meines Teams. Ich entschloss mich, alle meine Technik-Spielzeuge daheim zu lassen. Drei Notizblöcke nahm ich mit – und bange Gefühle. Im letzten Moment, aufgrund eines Gedankenblitzes, holte ich noch meine alten Studienunterlagen hervor und kramte die Fallstudie über Papa heraus. Ich würde ihn bald treffen, aber wer er wirklich war, das wusste ich immer noch nicht.

Meine Assistentin reservierte mir für den nächsten Tag einen Platz im Amtrak nach »Philly«, wie eigentlich jeder Philadelphia nennt. Sie schaute mich verdutzt an, so als sei ich im Kopf nicht ganz richtig. Mit dem Amtrak-Zug! Ich erklärte es ihr, indem ich Vaters Erklärung wiederholte: »Dann hab ich mal Zeit, in Ruhe nachzudenken.« Ihr Stirnrunzeln wurde noch tiefer – es handelte sich also um einen Fall von Besessenheit, nicht nur von geistiger Verwirrung!

Und jetzt sitze ich also in diesem Zug. Ich habe die ersten 45 Minuten der Fahrt damit zugebracht, jene Fallstudie nochmals durchzugehen, und seither habe ich die ganze Zeit geschrieben. In mir wächst die Vermutung, dass diese Beschäftigung ebenso sehr ihm gilt wie seinen Projekten. Und ich bin tatsächlich froh darüber. Es ist Zeit geworden.

Hier einige Notizen, die ich über die Lektüre angefertigt habe: Als Kind eines Bergmanns hatte mein Vater nicht gerade eine leichte Jugend. Wie so viele aus seiner Generation zog er in den Krieg, als man ihn rief. An Robert Wilsons zwanzigstem Geburtstag unterschrieb man im koreanischen Panmunjom den Waffenstillstandsvertrag, und er kam nach Hause. Dem Soldatenversorgungsgesetz verdankte er einen Studienplatz in Princeton, wo er laut Fallstudie glatt reüssierte. Das ließ mich an mein liebstes Foto von ihm denken: Ein sehr jungenhafter Robert Wilson rennt, Brust voraus, stürmisch vorwärts und geht 100 Meter vor dem Feld durchs Ziel – in einem 100-Meter-Lauf! Er war so entschlossen darauf erpicht, zu gewinnen, dass er zu früh startete, den Rückrufschuss überhörte und ganz allein durchs Ziel raste. Mir sagte er: »Ich will immer gewinnen – und ich schaue deswegen nie zurück zu den anderen.« Das ist der Vater, den ich kenne.

Aber die Fallstudie zeigte ein anderes Bild, das nichts mit diesem Erster-um-jeden-Preis-Foto zu tun hatte. Er hatte als Pharmavertreter angefangen und war schnell ins Management aufgestiegen, und er hatte sich als Teamleiter ausgezeichnet. Er schrieb seinen Erfolg immer seinem Team gut, hieß es in der Studie, und schien jedes Mal überrascht, wenn *er* die Anerkennung erfuhr und befördert wurde.

Und das gerade deckt sich nun nicht mit dem, was ich über ihn zu wissen glaubte. Ehrlich gesagt glaube ich, dass er mir kein einziges Mal auch nur den geringsten Erfolg zuschrieb.

Robert Taylor Wilson wurde in dem Artikel als einzigartig dargestellt. Als er nach 22 Jahren Geschäftsführender Vorstand des Unternehmens wurde, war er so gut wie nie in seinem Büro (und auch so gut wie nie zu Hause, wie ich ergänzen möchte). Er verwendete viel Zeit mit Tätigkeiten, die mehr mit unterrichten zu tun hatten als mit managen. Er machte praktisch die ganze Führungsspitze des Unternehmens zu Lehrern.

Als Mann an der Spitze war er bekannt dafür, Ziele und Standards möglichst hoch anzusetzen. Er war unerbittlich gegenüber allem, was der Artikel »mistakes of the heart« nannte. Gemeint waren Charakterfehler, schäbige Verhaltensweisen – wenn Manager die Wahrheit verschleierten, wenn sie sich mit fremden Federn schmückten oder herabsetzende Bemerkungen über Kollegen weitertratschten. Umgekehrt war er versöhnlicher als andere, wenn es um »normale« Fehler ging. Fehler, die in gutem Glauben begangen worden waren, waren ihm willkommener Anlass für Belehrungen.

Er ermutigte Führungskräfte, auch einmal Risiken einzugehen – andererseits entfernte er guten Gewissens Mitarbeiter, die andauernd schlechte Leistungen erbrachten. Seine Topmanager wurden in den ersten fünf Jahren unter seiner Führung erkennbar weniger, obgleich sich Größe und Rentabilität des Unternehmens im gleichen Zeitraum verdoppelten.

Er vermied es, sich mit Lorbeeren zu schmücken, wenn sich die Dinge gut entwickelten. Stattdessen gab er sich die größte Mühe, Erfolge anderen anzurechnen. Bei den jährlichen Hauptversammlungen des Unternehmens ließ er die Erfolge anderer herausstellen, nicht seine eigenen.

Er bezeichnete sich gern als »Jemand, der die Wahrheit sagt«. Er war berühmt dafür, die Dinge beim Namen zu nennen. Und er konnte mit großer Liebe zum Detail in der allergrößten Ausführlichkeit Zustand und Leistung der Firma darstellen. In dieser letzten Aussage wenigstens erkenne ich meinen Vater wieder. Er ermutigte Manager auch, die Realität in ihrer Abteilung ehrlich darzustellen.

Jetzt, wo ich all dies aus der unternehmerischen Vergangenheit meines Vaters erfahre, werde ich richtig neugierig darauf, wie das System der Unternehmensführung aussieht, das er in Philly an entscheidender Stelle mit aufgebaut hat. Vielleicht könnte man es auch so ausdrücken, dass ich von mir selbst glaube, jetzt bereit dazu zu sein, meinen Vater in neuem Licht zu sehen und uns beiden eine zweite Chance zu geben.

Robert Taylor Wilson. Ich weiß, dass er auf dem Papier gut dasteht. Ich weiß, dass er hunderte treuer Freunde hat. Ich weiß, dass die Leute gern für ihn arbeiten. Ich weiß auch, dass dieser Mann eine Dimension ausfüllt, die ich nie richtig gesehen habe und die ich jetzt verstehen will.

Da ich hier schon alles niederschreibe, was ich weiß, noch etwas: Ich weiß, warum ich wirklich in diesem Zug sitze. Mein Vater hatte »bitte« gesagt. Er sagte nicht: »Komm her, Sohn!«. Sondern einfach »bitte«. Ich kann mich nicht erinnern, dass ich dieses Wort vorher jemals aus seinem Mund gehört hätte.

Nun gut. Vielleicht sollte ich jetzt mal den Stift weglegen und wieder ein bisschen zusehen, wie Amerika an meinem Fenster vorbeifliegt. Die Bahnfahrt ist vielleicht doch nicht so schlecht, wirklich nicht. Jetzt kann ich sogar sehen, wie die Schienen weit voraus eine Kurve bilden. Jetzt kann ich sogar die Lok sehen. Aber nach wie vor kann ich nicht sehen, wohin sie fährt. Ich vermute sogar, dass ich auch dann nicht erblicken könnte, was nach der Kurve kommt, wenn ich ganz vorne beim Lokführer im Zug säße.

Ich bin gespannt, wohin die Reise geht.

Eine neue Aufgabe

Jeder Tag geht zu Ende, und was war das heute für ein Tag! Mama und Vater sind im Bett, und ich bin wieder in demselben Zimmer, das ich schon als Junge hatte, und spüre die Verwerfungen der Zeit und fühle mich in einem Wechselbad der Gefühle zwischen Jauchzen und Kummer. Ich muss irgendwie diesen unglaublichen und fast tumultartig verlaufenen Tag bewältigen.

Amtraks *Acela Express* war um 12:05 Uhr im Bahnhof 30. Straße in Philly eingelaufen, fünf lange Stunden nach der Abfahrt in Boston. Weil ich mir unbedingt etwas die Beine vertreten musste, ging ich die dreizehn Querstraßen ostwärts, eine kurze Strecke, am Markt vorbei und dann über den Schuylkill River (den »Manayunk«, wie ich ihn in der Indianer-Phase meiner Kindheit kompromisslos nannte!), zu meinem ersten Termin an diesem Tag.

Vater hatte das für mich so arrangiert. Mit einem Arbeitsessen im berühmten Pyramid Club sorgte er dafür, dass ich gleich mitten ins Getümmel stürzte, hoch droben über der neuen Art-deco-Skyline meiner Geburtsstadt. Als ich eintrat, war ich tief erschüttert über den Anblick des hager gewordenen, bleichen Gesichts meines Vaters. Sein fahles Lächeln konnte die besorgniserregende Ernsthaftigkeit seines Zustands nicht im Geringsten verbergen. Er musste mindestens dreißig Pfund verloren haben, und er war vorher schon mehr als schlank gewesen.

Er sah natürlich, dass es mir auffiel. Er ließ mir gar keine Gelegenheit zu einer entsprechenden Bemerkung, sondern fasste mich am Ellbogen und schob mich sachte zu einem Grüppchen von sechs Männern und Frauen, das an der Seite zusammenstand. Ihren Gesichtern konnte ich ablesen, welche Flut an umfangreiche Informationen in den nächsten Stunden auf mich niederprasseln würde – sie wussten, was alles auf mich zukam.

Nachdem wir uns zu unserem Tisch begeben hatten, stellten sich die anderen Gäste vor. Die ersten drei waren geschäftsführende Vorstände, »Chief Executive Officers«, CEOs. Einer war Chef eines führenden Biotech-Unternehmens, die zweite hatte ihre Karriere im Finanzdienstleistungsbereich gemacht und der dritte kam aus der Gebrauchsgüterindustrie. Der nächste war ein früherer Bürgermeister der Stadt, Dr. Will Turner, der sich jetzt ganz der kirchlichen Arbeit in der Innenstadt widmete. Will sprach ein paar Worte über seine leidenschaftliche Zuneigung zu dieser Stadt und über den Dienst an den Ärmsten der Armen.

Ein anderer Teilnehmer an unserem Mittagessen war ein Mann der Wissenschaft, Martin Goldschmidt. Er war Soziologe, der sich mit der Frage beschäftigte, warum gewisse Initiativen im sozialen Bereich erfolgreich waren und warum andere kläglich scheiterten.

Der Letzte in der Runde war Alistair Reynolds, ein Ire, den es hierhin verschlagen hatte. »Ali« war mir als Einziger schon bekannt, wenn auch nur vom Hörensagen. Er war bei dem kometenhaften Aufstieg in unserer Firma dabei, der lange bevor ich selbst dort begonnen hatte einsetzte. Ali beschrieb, was er machte, gerne mit dem Ausdruck »Sozial-Unternehmer«. Ich hatte das Wort schon früher gehört, konnte mir aber nichts Konkretes darunter vorstellen. »Sozial-Unternehmer« befassen sich, wie der Name schon sagt, unter Einsatz ihrer unternehmerischen Fähigkeiten und professioneller Strategien der Kapitalbeschaffung mit der Lösung von Aufgaben in gesellschaftlichen Bereichen. Ali hätte sein Talent durchaus auch weiterhin darauf verwenden können, Millionen für unsere Firma und zudem eine Menge Geld für sich selbst zu machen, aber das hatte ihn wohl nicht mehr interessiert. Eines Tages hatte er das Unternehmen verlassen. Merkwürdig!

Vater hatte angedeutet, dass zu diesem Kreis auch noch andere Mitglieder gehörten, die jetzt bei diesem Essen nicht dabei waren. Ich fragte mich, wie es eine so interessante, aber alles andere als homogene Gruppe fertig brachte, gut zusammenzuarbeiten.

Nach der Vorstellungsrunde erhob sich Ali und ergriff das Wort: »Mike, wir möchten Ihnen jetzt sagen, warum wir ausgerechnet hier sind. Wir haben diesen Ort ausgesucht, weil wir Ihnen etwas zeigen wollen. Dr. Turner«, fuhr er fort, »das ist Ihr Part!«

So standen wir also, hier im Pyramid Club, alle auf und folgten Turner zu den Fenstern, die in Richtung Süden den Blick auf ganz Philadelphia freigaben. Er drehte sich zu mir um und sagte. »Von hier oben kann man praktisch die ganze Stadt sehen. Von Anfang an, als unser Kreis mit seinen Treffen begann, kamen wir hierher zum Mittagessen, schauten auf die Stadt und sprachen über die Herausforderungen, die sie an uns stellt. Wenn Sie hier nach Süden blicken, sehen Sie wachsende Unternehmen, den Flughafen und den Seehafen und ein Netz unterschiedlicher Wohnviertel.« Er fuhr mit seinen Darlegungen fort und skizzierte die vom Arbeitskreis angestoßenen oder betreuten Projekte im Süden der Stadt. »Folgen Sie mir!«, sagte er schließlich. Er sprach mit einer fast huldvollen Autorität. Also folgte ich ihm.

Während er ging, setzte er seine Erläuterungen fort. »Unser Team kam zu dem Schluss, dass eines der signifikantesten Hemmnisse für Fortschritte in allen Bereichen, die für diese Stadt von

Bedeutung sind, in dem Mangel an effektiver Führung zu suchen war. Wir haben dann mehrere Jahre lang daran gearbeitet, effektive Topführungskräfte an diese Stadt zu binden. Jetzt arbeiten wir hier in allen relevanten Bereichen: Industrie, öffentliche Verwaltung, Non-Profit-Organisationen und Sozialverbände.«

»Wenn Sie so weit wie möglich in die Ferne schauen«, hörte ich Turner sagen, »dann können Sie einige der Heime, Kirchen und Fabriken in dem Bereich erkennen, den wir als die Hauptlinie bezeichnen. Hier warten aufregende Geschichten auf Sie, Mike.«

Wir setzten unseren Rundgang fort, und so gab es die Chance, mit jedem ins Gespräch zu kommen. Beinahe eine Stunde verbrachten wir damit, durch den Club zu schlendern, bis wir uns endlich wieder an unserem Tisch einfanden.

Während des Essens nahm Vater nichts zu sich. Ehrlich gesagt war ich hin und her gerissen von widerstreitenden Gefühlen: der Begeisterung über die aufregenden Ideen, die ich zu hören bekam, und dem Kummer, der mich mehr und mehr erfüllte. An beidem konnte ich nichts ändern. Ali hatte wieder die Aufgabe übernommen, mich weiter zu informieren.

»Ich möchte jetzt weniger über unsere Projekte sprechen, sondern über unser Team, Mike«, sagte Ali gerade. »Wer sind wir also? Wir selbst nennen uns das ›Team ohne Namen‹.« Er lachte über meinen verblüfften Gesichtsausdruck und fuhr fort: »Das wirkt vielleicht etwas gekünstelt. Aber wir wollen zum Ausdruck bringen, dass *wir* nicht das Thema sind. Sondern die Führungskräfte draußen an der Front, *die* sind das Thema. Sie sind diejenigen, auf die es ankommt, und wir sind dazu da, sie zu unterstützen.«

Er räusperte sich. »Wir glauben wirklich, dass wir hier etwas sehr Bemerkenswertes in Gang gesetzt haben. Sie werden es in den nächsten Tagen selbst sehen, dass hier der ein oder andere Durchbruch gelungen ist. Einzelne Persönlichkeiten, ganze

Teams und Organisationen und Unternehmen haben mehr vollbracht, als jeder von uns für möglich gehalten hätte. Wir haben erlebt, wie Unternehmen mit Volldampf an den größten Konkurrenten in ihrer Branche vorbeigezogen sind, wie Non-Profit-Organisationen in ihrer Arbeit sehr viel effektiver geworden sind und wie Kirchengemeinden ihre Mitglieder zu effektiver Gemeindearbeit bewegt haben. Sogar unsere Freunde in Politik und Verwaltung legen zu.

Möglich ist dies durch eine ganz neue Art und Weise der Führung. Das ist der Ausgangspunkt.«

Ich bemerkte, dass eine unserer Serviererinnen in der Nähe stehen geblieben war und dass sie die Ohren spitzte, um möglichst viel von Alis Bemerkungen aufzuschnappen. Immer wieder nickte sie zustimmend. Sie hörte aufmerksam zu!

Ali fuhr fort. »Wir glauben, dass der Schlüssel zum Erfolg das ist, was wir als den *Serving Leader* bezeichnen.«

»Das heißt also, dass Sie Ihre Herangehensweise an den Schriften über Servant Leadership orientieren, dem Führungsstil, der im Dienst einer Sache steht«, sagte ich. »An Robert Greenleaf und anderen.« Diese Werke hatten auch mich und mein Team in der letzten Zeit sehr beschäftigt.

»Nun, ja und nein«, antwortete Ali. »Ja, wir alle haben Greenleaf gelesen, und zudem Blanchard, Tichy, Collins, Block, Bennis, Gallup, Wheatley, Senge, Kotter, Drucker und viele andere, die über dieses Thema geschrieben haben.«

»Auch ich habe das alles gelesen«, fiel ich ihm ins Wort, nur um allen zu zeigen, dass ich doch ziemlich auf der Höhe war. »Klasse Material!«

»Das ist alles Klasse, Mike!« Ali klang ein wenig, als sei er aus dem Konzept gebracht. »Greenleaf und die anderen großen Vordenker in seinem Gefolge haben den wichtigen Gedanken über

Führungsmodelle, die heute für uns so bedeutend sind, den Boden bereitet. Sie haben dazu beigetragen, dass wir unsere Ausgangsthesen darüber, was gute Führungsmodelle wirklich erstklassig macht, entwickeln konnten.«

Mit etwas leiserer Stimme, doch umso inständiger, fuhr er fort: »Aber neben dem ›Ja‹ muss ich auch das ›Nein‹ aussprechen. Wir beziehen uns bei unserem Ansatz nicht nur auf Artikel und Bücher. Glauben Sie mir, Mike, wir haben sehr viel hier bei uns an der Basis gelernt, von Serving Leaders, die mit ihren Teams, in ihren Betrieben oder ihren Zentren in den Wohnvierteln an der Front arbeiten, die sozusagen im Schützengraben genau das *tun*, worüber andere *schreiben*. Unser Schwerpunkt hier liegt mehr auf dem, was eine Führungskraft tut, um Einzelne, Teams und Organisationen zu unterstützen. Aus diesem Grund verwenden wir das aktive Wort ›Serving‹. Die Theorie des Servant Leadership ist wichtig, aber es ist der *aktive* Serving Leader, der den entscheidenden Unterschied ausmacht.«

Ich blickte hinüber zu meinem Vater und sah den zufriedensten Ausdruck, den ich je in seinem Gesicht gesehen hatte. Vater war zufrieden mit Ali – und mit dem, was Ali sagte –, und seine Mimik ließ daran nicht den geringsten Zweifel aufkommen. Ich würde mir sicher Mühe geben müssen, um auch einmal für einen solchen Gesichtsausdruck bei meinem Vater verantwortlich zu sein!

Vater bemerkte, dass ich ihn anschaute, und er nickte zufrieden. »Das ist genau der Punkt«, sagte er. »Ali hat ihn klar herausgearbeitet. Und hier ist der erste Hinweis für dich: Ein Serving Leader versteht es, jedem anderen dazu zu verhelfen, erfolgreich zu sein. Schon bevor wir den Begriff des ›Serving Leader‹ kreierten, bemerkten wir dies – alle Leute um ihn herum entfalten sich und blühen auf.«

»Hier haben Sie nun in wenigen Worten Ihre Aufgabe, Mike«, sagte Ali. »Schauen Sie sich an, was wir Ihnen zeigen, denken Sie darüber nach, strukturieren Sie es und schreiben Sie die Prinzipien nieder, auf die Sie stoßen, am besten in einer Geschichte. Setzen Sie Ihre ganze Erfahrung als Berater ein, von der Ihr Vater immer schwärmt.«

Ich blickte meinen Vater wieder an. Er putzte hingebungsvoll seine Brillengläser. In meine Richtung schaute er nicht.

Ali sprach weiter. »Wir wollen, dass Sie verständlich und nachvollziehbar machen, was ein Serving Leader macht, um Teams, Unternehmen und Gemeinschaften aufblühen zu lassen. Machen Sie es vermittelbar, Mike, und stellen Sie es so dar, dass es erlernbar ist.« Ich zwinkerte nur. Wie sollte ich das denn machen?

Ali lachte, als er meinen zweifelnden Gesichtsausdruck sah. »Wir werden das gemeinsam machen«, sagte er aufmunternd. »Am besten fangen wir mit einer Skizze an.«

Er nahm seine Serviette, entfaltete sie, legte sie zwischen uns auf den Tisch, und zeichnete eine Pyramide. Dann drehte er die Serviette, so dass die Pyramide auf dem Kopf stand.

»Ich denke, dass Ihnen klar ist, dass unsere Serving-Leader-Idee fast unser ganzes bisheriges Denken über Führungspraxis auf den Kopf stellt. Zumindest seit den Zeiten der Pharaonen haben wir uns immer vorgestellt, dass ›Führen‹ damit zu tun hat, die Spitze der Pyramide zu erklimmen. Das stimmt doch, oder? Na ja, wir sitzen hier ganz oben im Pyramid Club – also ganz oben, wie man das von Topführungskräften erwartet.«

Ich nickte, was aber nicht hieß, dass das, was ich hier zu hören bekam, mich sonderlich in Erregung versetzt hätte. Hier im Pyramid Club essen zu können, das hatte schon was. Der Wille, ganz nach oben zu klettern, hatte in meinem Leben einen breiten Raum eingenommen, um ehrlich zu sein.

»Die Ergebnisse, zu denen wir anhand unserer Überlegungen gelangt sind, deuten aber in eine andere Richtung«, fuhr Ali fort. »Ein Serving Leader befindet sich hier unten, am unteren Bildrand. Das Team, das Unternehmen, die ganze Gesellschaft sind da oben. Der Serving Leader ist hier unten, und von da aus setzt er die Stärken, die Talente und die Begeisterung derer frei, denen er oder sie dient. Das ist so bei einem Team von zweien, bei einem Unternehmen mit tausend Angestellten und bei einer Gemeinschaft von vielen Millionen. Eine ganz schöne Umstellung, nicht wahr?«

Ja, wirklich!

> Der Serving Leader ist hier unten, und von da aus setzt er die Stärken, die Talente und die Begeisterung derer frei, denen er oder sie dient. Das ist so bei einem Team von zweien, bei einem Unternehmen mit tausend Angestellten und bei einer Gemeinschaft von vielen Millionen.

Ali schob die Serviette über den Tisch zu mir hin, und ich schaute mir die Skizze genau an: eine ganz einfache, von Hand gezeichnete und auf dem Kopf stehende Pyramide auf einer einfachen Papierserviette. Das war mein Ausgangsmaterial. Ich hatte, ehrlich gesagt, etwas mehr erwartet. Aber da mir bewusst war, dass alle Augen auf mir ruhten, streckte ich den Arm aus und nahm die Serviette wie ein Geschenk an mich. Nun gut. Es war ja nur ein erster Anfang. Ich schaute die Skizze nochmals interessiert an, faltete die Serviette zusammen und steckte sie in meine Jackentasche.

Als ich wieder aufblickte, sah ich gerade noch, wie Ali meinem Vater zufrieden zunickte. Was ihn so zufrieden machte, weiß ich nicht. Dass ich seine kleine Skizze angenommen und eingesteckt hatte? Na, sehr beeindruckend!

Ich muss zugeben, dass ich heute, wenn ich diesen Tag noch einmal Revue passieren lasse, von Gefühlen überwältigt werde. Aber ich eile voraus. Ich sollte zuerst meinen Bericht über den ersten Tag abschließen.

Die restliche Zeit des Mittagessens ging schnell vorbei. Jedes Mitglied des Arbeitskreises stimmte Termine mit mir ab. Mit jedem von ihnen sollte ich eine gewisse Zeit verbringen, mich hauptsächlich mit ihren Schlüsselprojekten befassen. Ich sollte sowohl durch Beobachtung verstehen lernen, als auch selbst die Ärmel hochkrempeln und bei einigen Projekten mitarbeiten.

Offenkundig waren sie ganz aus dem Häuschen, weil es ihnen gelungen war, mich einzubeziehen. Ich behielt meinen Vater ständig im Blick, um zu sehen, was sein Gesichtsausdruck verriet. Ali hatte zwar erwähnt, wie stolz mein Vater auf mich sei, aber das musste ich doch erst selber sehen, ehe ich es glaubte. Vater erwiderte meine Blicke nicht.

Nach dem Essen schlug er vor, dass ich ihn begleitete. Wir fuhren nach unten. Als wir in der Halle angelangt waren und sich die Türen des Aufzugs geöffnet hatten, stand da Charlie, mein Chef, als hätte er auf uns gewartet! »Hallo, Mike! Wie geht's?«, sagte er. »Hallo, Charlie«, antwortete ich. Ich schaute zu meinem Vater. Er zeigte keinerlei Überraschung. Ich schüttelte den Kopf. Vater hatte etwas anderes vor, als meine Blicke zu erwidern – und das gefiel mir gar nicht.

Charlie setzte zu einer Erklärung an: »Ich hatte hier in der Stadt zu tun, und da wollte ich doch mal sehen, wie es Ihrem alten Herrn geht.«

Möglich, aber nicht zufrieden stellend. Vater spielte mit mir. Er hatte mir noch längst nicht *alles* erzählt.

Die beiden gingen mir voran und sprachen leise miteinander. Es berührte mich seltsam, als mein Chef meinen Vater mit dem Arm stützte, als wir den Club verließen.

Im Taxi lenkte ich das Gespräch auf die vor mir liegende Aufgabe. »Bei dieser Sache mit den Serving Leaders halte ich es für möglich, dass sie im Zusammenhang mit der kommerziellen Verwertung als zu überspannt erscheinen könnte«, begann ich. »Bei Projekten im sozialen Sektor könnte sie vielleicht funktionieren, aber es ist schwer vorstellbar, dass *wir* so etwas *unseren* Kunden verkaufen.«

»Weit gefehlt, aber wirklich!«, sagte mein Chef. »Ich bin davon überzeugt, dass wir mal etwas Neues brauchen. Konkret gesagt erwarte ich, dass Sie Herangehens- und Verfahrensweisen kennen lernen werden, die mehr bringen als die alten, eingefahrenen Denkmuster. Ich möchte, dass Sie die Vorgehensweisen dieser Serving Leaders gründlich prüfen. Ihr Vater ist ganz begeistert von dem, was da passiert, und er urteilt so streng wie kein Zweiter.«

Dagegen erhob ich keinen Einwand.

»Mein Instinkt sagt mir, dass diese Sache geschäftlich durchaus interessant sein kann. Das ist einer der Gründe, weswegen Sie hier sind, Mike.«

Ich wurde unruhig. Das würde ganz offenkundig nicht so schnell und einfach ablaufen, wie Charlie zu glauben schien. Wie bei einem kalten Buffet würde ich mich durch ein Chaos ganz unterschiedlicher Projekte wühlen müssen – ja sogar ganz unterschiedlicher Welten: die der kommerziellen Unternehmen, der Non-Profit-Organisationen, der Nachbarschaftsprojekte und die der öffentlichen Verwaltung.

Und wenn ich das tatsächlich hinter mir hatte, dann hatte ich »nur noch« einfache, vermittelbare Prinzipien herauszuarbeiten, die man dann – wie Charlie zu denken schien – wie warme Semmeln würden verkaufen können. Ich war mir keineswegs sicher, welche Aufgabe gewaltiger war – all die zerstreuten Punkte miteinander zu verbinden, die man mir beim Mittagessen aufgezeigt hatte, oder das Wiederanknüpfen der Verbindung mit meinem Vater. Es würde sich jedenfalls nicht um einen kleinen Umweg handeln, der mich nur kurz von meinem bisherigen Leben wegführen würde.

Vater dirigierte das Taxi erst zum Flughafen, um Charlie dort abzusetzen, und dann zu uns nach Hause. Nachdem uns Charlie allein gelassen hatte, bat ich Vater, mir endlich zu sagen, wie es ihm wirklich gehe. »Später« war alles, was er sagte.

Was soll ich sonst noch schreiben? Mama, Papa und ich aßen daheim zu Abend, ein Lieblingsgericht aus meiner Kindheit, angefertigt nach einem Rezept, das von Mutters Familie stammte, die ursprünglich aus den Niederlanden kam – eine »Schäfer-Pastete«. Vater aber stocherte nur in seinem Essen herum.

Ich hätte weinen mögen. So vieles stürmte auf mich ein, so viel auf einmal. Ich habe so viel verloren, so vieles zurückgelassen. Zu vieles. Und jetzt erfuhr ich, wie schlimm es stand. Ich hatte gerade meinen Teller weggeschoben, als Vater endlich sprach. Nur wenige, sorgfältig bedachte Worte, und meine Welt war danach nie wieder wie zuvor.

»Es ist die Schilddrüse, mein Sohn. Krebs«, sagte er einfach, ganz ruhig. »Es ist zu weit fortgeschritten, um noch etwas machen zu können.«

Nur so. Mein Vater wird diesen Sommer noch sterben. Ich muss es nochmals schreiben. Es ist so schwer zu begreifen. Mein Vater wird diesen Sommer noch sterben.

Da sitze ich nun, in meinem früheren Kinderzimmer, versuche meinen Tag auf Papier zu bannen. Eine Eule ruft draußen in der Abenddämmerung. Sonst ist alles still. Nun gut, Mike. Jetzt kannst du anfangen mit dem, was du hast – eine Serviette, ein paar Worte und ein schweres Herz.

Folgende Aufgaben sind zu lösen:

- Untersuche, was Serving Leaders machen, und begreife, wie ihre Vorgehensweise funktioniert.
- Benutze die auf den Kopf gestellte Pyramide, um das Gelernte zu strukturieren.
- Sei an der Seite deines Vaters, während er stirbt.

Ich weiß nicht, ob ich das fertig bringe!

Die Aufgabe: die Pyramide auf den Kopf stellen

»Hör zu, mein Sohn«, sagte Vater heute beim Frühstück. »Ich weiß, dass wir beide miteinander reden müssen. Ich weiß es«, wiederholte er, um sicherzugehen, dass ich ihn auch wirklich verstanden hatte. Er schaute mich wirklich an, als er mit mir sprach. Seine Augen zeigten offen, was sie sonst gerne verbargen – wie tief seine Liebe zu mir war und wie groß sein Verständnis für das, wonach ich mich sehnte. Wir würden miteinander über alles reden. Papa und ich, wir würden diese Chance nicht ungenutzt verstreichen lassen.

»Doch heute, Mike«, fuhr er fort, »möchte ich, dass du zuallererst an die Arbeit gehst. Spring ins kalte Wasser! Bitte!«

Da war es wieder, dieses »Bitte«. Ich sah ihn kurz an, versuchte in seinen Augen zu lesen. Papa und ich würden eine enge Verbindung eingehen – das war das Versprechen, das er soeben gegeben hatte. Und das war doch mein sehnlichster Wunsch, der hinter allem stand, das war alles, was ich wirklich wollte.

Aber wir könnten doch jetzt gleich damit anfangen – so viel Zeit blieb uns ja nicht mehr, oder? Versprechen hatte es schon so viele gegeben – Wettkämpfe in der Schule, die er nicht verpassen wollte, die Rede, die ich zur Abiturfeier halten wollte. Er wollte jedes Mal pünktlich da sein, hatte er versprochen.

»In Ordnung, Papa«, sagte ich schließlich nur und nickte. Aber es war nicht in Ordnung. Andererseits war auch ich, um die Wahrheit zu sagen, vielleicht noch nicht so weit. Ich war innerlich noch nicht bereit, an diesen Ort zu gehen, an den wir gehen mussten, um unser Gespräch zu führen. Alles und jedes stand auf dem Kopf. Die Mitteilung von gestern Abend war noch zu frisch, meine widerstreitenden Gefühle von Liebe und Kränkung noch zu sehr durcheinander. Deswegen würde ich mich heute tatsächlich in die Arbeit stürzen. Ich würde versuchen, ihn zufrieden zu stellen, so wie er es erbeten hatte. Ihn versuchen zufrieden zu stellen – damit bin ich vertraut.

»Ali wird dir heute von etwas Großartigem berichten«, sagte Vater dann. Man sah seinem Gesicht die Erleichterung an. »Er hat dir gestern eine auf den Kopf gestellte Pyramide gezeichnet. Heute wirst du bei deinem Besuch einige der Führungskräfte treffen, die die Pyramide gekippt haben – sie haben unglaubliche Veränderungen erreicht.«

Ich zog Alis Serviette aus meinem Notizbuch heraus, legte sie vor mich, strich sie glatt und schrieb Vaters Worte in das Bild.

Ich sah von der Notiz auf. Ich konnte mich genauso gut auf eine Aufgabe konzentrieren wie die Besten von ihnen. »In Ordnung, Papa«, wiederholte ich also, »aber zuerst eine Frage. Du hast dich schon eine Weile damit beschäftigt. Warum bringst du mich nicht gleich heute Morgen auf die richtig Spur, zum Beispiel mit deiner Definition eines ›Serving Leader‹?« Ich war jetzt wirklich soweit, mich zu engagieren. Und ich vertraute meinem Vater. Wir würden *wirklich* miteinander reden!

Vater sah mich an und lächelte mit sanften Augen. Daran könnte ich mich wirklich gewöhnen, dass mein Vater mich so anschaut. »Ich könnte deine Frage beantworten«, begann er. »Aber ich glaube, dass du die besten Antworten selber aus deiner Beobachtung der Arbeit der Führungskräfte gewinnen wirst, mit denen du bald zusammentriffst. Befasse dich mit ihrem Leben und lass ihre Arbeit auf dich wirken. Ich kann später immer noch meine Meinung dazu sagen.«

Ich schaute hinüber zu Mutter. Für meinen Vater gab es nicht mehr viel »später«, mit dem er hätte planen können. Sie schaute Vater mit einem angedeuteten Lächeln an, und mit tränenfeuchten Augen.

»Also gut«, antwortete ich und wendete ihm wieder meine Aufmerksamkeit zu. »Ich werde alles genau beobachten. Aber eins noch, Papa: Ich hoffe schon, dass unser Gespräch eher früher als später stattfinden wird.«

In Mutters Gesicht konnte ich die gleiche Hoffnung sehen.

»Na schön, mein Sohn«, antwortete Papa. »Wir werden es früher führen. Noch besser ist, wenn wir doch jetzt gleich einen kurzen Anfang machen.«

Ich hielt meinen Stift wieder parat.

»Serving Leaders sind lebende Paradoxien. Sie erreichen gute Ergebnisse, obwohl sie lauter anscheinend paradoxe Sachen machen, gewohnte Verhaltensweisen auf den Kopf stellen. Du solltest genau auf diese Paradoxien achten. Finde sie heraus – und dann gelangst du zu den Prinzipien.«

Ich wartete einen Augenblick, um diese Bemerkung auf mich wirken zu lassen.

»Könntest du mir ein Beispiel nennen? Mir einen konkreteren Hinweis geben?«

»Ein Beispiel. Serving Leaders stellen die Pyramide auf den Kopf. Das hast du doch vorhin selbst geschrieben. Hier hast du doch schon ein Paradox: Man qualifiziert sich als die Nummer eins, indem man andere Mitarbeiter an die Spitze bringt.«

Ich konnte ihn nur anstarren und hoffen, der Sinn seiner Worte würde sich mir erschließen.

»Schreib es erst mal hin«, fuhr er fort. Er zeigte auf mein Notizbuch.

Also schrieb ich es hin.

MAN QUALIFIZIERT SICH ALS DIE NUMMER EINS, INDEM MAN ANDERE MITARBEITER AN DIE SPITZE BRINGT.

»Du wirst völlig neue Dinge sehen, Mike. Oder sie in einem anderen Licht sehen. Damit du das kannst, brauchst du auch neue Augen.«

Papa und ich schauten einander an. Das war *schon* neu – dass Papa und ich einander ansahen. Ich habe zwar noch keine Ahnung, wie ich zu neuen Augen kommen sollte, aber dass Vater mir in die Augen schaute, lässt mich wirklich hoffen.

»Ich bin heute mit deiner Mutter verabredet«, sagte er. »Du wirst also allein loslegen müssen.«

Ein Blick zu Mutter hinüber zeigte mir, wie besorgt sie war.

Draußen empfing mich ein herrlicher, wolkenloser Sommertag. Ali holte mich ab und ich holte mein Notizbuch hervor. »Während Sie fahren, könnten Sie mir doch etwas über sich erzählen, oder?«

»Das ist eine lange und eher traurige Geschichte«, begann Ali und lachte. »Aber genau genommen ist sie, nach dem was ich höre, gar nicht so viel anders als Ihre Geschichte.«

Ich verstand die Anspielung und lächelte ebenfalls.

Ali redete weiter. »Als ich in die USA kam, hatte ich schon ein Studium der Mathematik und Physik hinter mir. In Boston ging ich dann noch zur Wirtschaftsakademie. Nach dem Abschluss trat ich in die Firma ein, Abteilung Strategieberatung. Wie Sie ja auch, habe ich eine Menge Untersuchungen gemacht und auch einige Bücher geschrieben. Und irgendwann kam ein schicksalhafter Moment. Ich führte eine firmenweite Untersuchung durch, um herauszufinden, wie Kunden aufgrund unserer Beratung bessere Ergebnisse erzielten.«

»Den Bericht darüber habe ich gelesen«, fiel ich ihm ins Wort. »Wie übrigens alle Mitarbeiter meines Teams, das unser neues Angebot ›Führungssysteme‹ erarbeiten soll. Der Bericht war gut.«

»Danke«, sagte Ali, »doch zum damaligen Zeitpunkt waren unsere Ergebnisse für die Firma irritierend. Wie Sie sich erinnern werden, stellte sich heraus, dass die Kunden mit den besten Ergebnissen diese nicht aufgrund der brillanten Strategien *unserer* Firma erreichten, sondern vielmehr aufgrund der Qualität *ihrer* Führungsspitze. Das hat meine Neugier geweckt, und ich nahm deswegen jede Mühe auf mich, alles und jedes über Führungsstruktur und Führungspersonal in den Firmen unserer erfolgreichen Kunden herauszufinden. Im meinem letzten Jahr, in dem ich für die Firma tätig war, versuchte ich bei all unseren Aufträgen bereits mehr Nachdruck auf das Thema ›Führung‹ zu legen.«

»Genau. Über Ihre Beratungsaufträge von damals spricht man in der Firma noch heute. Sie hatten eine ganze Reihe von Erfolgen.«

»Danke, danke«, sagte er mit einem jungenhaften Lächeln, das ihn um Jahre jünger machte. »Wie Sie wissen, herrscht in der Firma eine ziemlich rücksichtslose Verjüngungstendenz vor. So schien es mir an der Zeit zu sein, mich zurückzuziehen. Ich habe nur bedauert, dass ich die Untersuchungen zum Thema ›Führung‹ nicht weiter vorangetrieben habe. Vielleicht schaffen Sie das jetzt.«

Sein Gesicht nahm plötzlich einen sehr nüchternen Zug an. »Eigentlich«, so fuhr er fort, »habe ich viel mehr zu bedauern als das, was ich nicht vollendet habe.« Er ließ den Satz ein bisschen in der Luft hängen und suchte offenbar nach den richtigen Worten. »Meine Ehe wäre in diesen Jahren fast zerbrochen. Es war die viele Arbeit, der ganze Stress. Ich bin so froh, dass es später möglich war, die Krise zu überwinden, aber die verlorenen Jahre gibt uns keiner zurück. Entschuldigen Sie, Mike. Erst jetzt denke ich an Ihre eigene Situation.«

Ich schüttelte den Kopf. An dieses Thema denke ich nicht gerne – Susan hatte mich vor zehn Jahren verlassen. Sie ist mit ihrem zweiten Mann jetzt schon länger verheiratet, als sie es mit mir war. Die beiden haben Kinder. Ich denke wirklich nicht mehr oft darüber nach. Und ich habe bis heute nicht verstanden, was eigentlich geschehen war. Wir liebten uns. Wir heirateten. Und dann ging sie.

Ali unterbrach meine kummervollen Gedanken. »Es war nicht meine Absicht, Sie daran zu erinnern«, sagte er. »Ist schon in Ordnung«, antwortete ich. Aber das war es eben nicht.

»Nachdem ich also aus der Firma ausgeschieden war«, nahm Ali den Faden wieder auf, »zog ich hierher und machte meine eigene Beratungsfirma auf. Und eines schönen Tages rief Ihr Vater an.«

Ich dachte nun nicht mehr an meine eigenen Probleme und wandte meine Aufmerksamkeit wieder Alis Geschichte zu.

»Ihr Vater wusste über mein besonderes Interesse an dem Führungs-Thema Bescheid, und deswegen schlug er mir vor, nochmals etwas Neues zu wagen und bei ihm einzusteigen. Er machte mich zum Berater für Projektleiter hier in der Stadt, und das mache ich nun schon seit einigen Jahren. Wir werden heute Morgen zwei von diesen Projekten besuchen.«

»Das klingt so, als hätten Sie Ihren Job niemals aufgegeben.«

»Oh, aber ich hab's gemacht! Ich habe definitiv den Job gewechselt. Was ich jetzt tue, ist von größerer Bedeutung als alles davor. Sie werden es selbst sehen. Ich mag die Leute wirklich, denen ich diene. Und ich habe viel mehr Spaß in diesem meinem zweiten Leben.«

»Erzählen Sie mir doch schon mal, was wir sehen werden.«

»Unsere erste Station ist eine sehr bemerkenswerte Organisation, die von einer noch viel erstaunlicheren Spitzen-Frau geführt wird, von Dorothy Hyde. Von außen sieht das Ganze aus wie eine gewöhnliche Fabrik. Das Unternehmen nennt sich Aslan Industries, es liegt im Herzen der Innenstadt und ist schon fast unverschämt erfolgreich. Sie werden überrascht sein, wenn Sie es von innen sehen.

Aslan fing mit einem nachschulischen Ausbildungsprogramm an. Das Führungsteam des Unternehmens ging von der Annahme aus, dass schlechte schulische Ergebnisse und auch Jugendkriminalität meist Symptome für spezielle Probleme in diesem Teil der Stadt darstellten. Eine der Ursachen dafür war der Mangel an geeigneten Arbeitsplätzen. Warum sollten sich die jungen Leute auf eine Zukunft vorbereiten, wenn sie davon überzeugt sein mussten, gar keine zu haben? Die Aslan-Manager zogen daraus den Schluss, dass ihre Arbeit vor allem das Ziel haben musste, den jungen Leuten den Erwerb derjenigen beruflichen Qualifikationen zu ermöglichen, durch die sie einen Job erhalten konnten. Was aufgebaut werden musste, war also ein Zentrum für Berufsausbildung.

Allerdings wussten sie so gut wie nichts über Berufsausbildung. Ich will es so sagen: Weil sie nicht genügend wussten, wussten sie auch nicht, ›was eigentlich gar nicht ging‹, und gerade deswegen machten sie das Unmögliche wahr. Sie bauten eines der erfolgreichsten Berufsausbildungsprogramme der ganzen Gegend für Mechaniker und Maschinenbauer auf. Und während sie ausbilden, betreiben sie gleichzeitig einen sehr gut ausgelasteten Reparaturbetrieb gleich um die Ecke. Von Jahr zu Jahr verhilft ihnen ihr ausgezeichneter Ruf, den sie hier in den Werften genießen, zu noch mehr Aufträgen.«

Nach einer kurzen Pause fuhr Ali fort: »Ich wette, dass Sie niemals zuvor ein so effektives Unternehmen wie Aslan gesehen haben. Und ich wette auch, dass Sie wohl noch nie jemanden getroffen haben, der das Führungsformat einer Dorothy Hyde hat.«

Im Laufe unserer Fahrt konnte ich gut den Wechsel im Charakter der Viertel, durch die wir fuhren, erkennen. Zu Beginn waren leer stehende Häuser selten. Dann waren sie fast schon die Regel. Es gab sogar ein paar ausgebrannte darunter. Wie in aller Welt sollten ein erfolgreiches Ausbildungszentrum und ein profitables Reparaturunternehmen ausgerechnet hier florieren?

Doch plötzlich gelangten wir zu einem Komplex mit aufs Allerfeinste restaurierten Industriegebäuden. Ein uniformierter Parkwächter winkte uns mit freundlichem Lächeln auf einen Parkplatz unmittelbar vor einem renovierten Fabrikgebäude.

Dorothy Hyde begrüßte uns schon auf der Schwelle zu ihrem Büro. Sehr viel größer als ein Meter fünfzig war sie bestimmt nicht. Sie strahlte Kraft und Begeisterung aus, trotz ihres korrekten Bürokostüms. Zur Begrüßung umarmte sie Ali, als wäre sie seine Großmutter, und dann hieß sie – sehr zu meiner Überraschung – auch mich auf die gleiche Weise willkommen. Unwillkürlich fragte ich mich, ob sie als Nächstes Milch und Kekse servieren würde.

»Mike«, begann sie, »es ist schön, dass Sie hier sind. Wir werden als Erstes einen kleinen Rundgang durchs Büro machen. Und danach werden Sie den technischen Bereich und die Unterrichtsräume sehen. Folgen Sie mir!«

Wir gingen hinter Dorothy her. Mit jeder Person, die wir unterwegs trafen, machte sie uns bekannt, und jedes Mal erzählte sie uns etwas darüber, was der- oder diejenige in letzter Zeit zum gemeinsamen Ziel der Ausbildung und der Stellenbeschaffung bei Aslan beigetragen hatte. Sie alle strahlten, wenn Dorothy über sie sprach, und ergänzten das Gesagte mit eigenen Worten. Die Person wurde uns jedes Mal ausführlich vorgestellt, hinzu kamen jeweils ein Tätigkeitsbericht, etwas Lob und manchmal sogar ein Ausblick in die Zukunft – und das alles vor unseren Augen und Ohren! Bis wir wieder in ihrem Büro anlangten, hatte sie mit bestimmt mit einem Dutzend Leute ein bedeutungsvolles Personalgespräch geführt. Ich war voller Ehrfurcht und Bewunderung! Wie oft hatte ich nicht schon einen leitenden Angestellten oder Direktor durch eine Fabrik begleitet und gesehen, wie die Angestellten in eine andere Richtung guckten, so als wären sie zu beschäftigt, um uns überhaupt zu bemerken. Der Unterschied zu dem, was ich hier erlebte, war überwältigend.

Im Besprechungsraum erzählte mir Dorothy die Geschichte von Aslan. »Ich kann mir vorstellen, dass Sie sich darüber wundern, wie sich eine Hausfrau und Großmutter, die ich bin, hier so engagiert.«

Ich nickte. Ich wunderte mich tatsächlich darüber.

»Das hat seinen Ursprung in den dunkelsten Tagen in der Geschichte unserer Stadt«, erklärte Dorothy. »Aus lauter Frust und Ärger über unsere Armut und unsere Chancenlosigkeit machten wir buchstäblich unsere Viertel und auch uns selbst kaputt. Ich konnte einfach nicht mehr weiter tatenlos zusehen. Ich fühlte mich alles andere als besonders gut geeignet für diese Aufgabe, aber ich war überzeugt davon, dass wir *jetzt* das Steuer herumreißen mussten. Also fing ich an, und andere taten es mir gleich.«

Dorothy fuhr mit ihrer Erzählung über die erstaunliche Entwicklung von Aslan fort, erzählte von dem schwierigen Start, von Rückschlägen und schließlich vom Erfolg des Unternehmens. Ihre eigene Ausbildung in Buchführung (vor vielen Jahren an der Howard University) war angesichts der Umstände, die das Leben mit sich bringt, vernachlässigt worden – da waren die Kinder, der nicht enden wollende Ärger mit den Schulen im eigenen Viertel, die immer wiederkehrende Arbeitslosigkeit ihres Mannes, die tägliche Mühe in Küche und Haus, der Kampf darum, das wenige Geld, das da war, so zu strecken, dass es bis zum Monatsende reichte.

Sie war an all den Herausforderungen gewachsen, hatte sich das Vertrauen und die Achtung der ganzen Nachbarschaft erworben, nicht zuletzt wegen ihres fürsorglichen Interesses für alle Kinder des Viertels. Als die Kinder in die Oberschule kamen, hatte sie sich den Respekt des Direktors erworben, weil sie eine Elterninitiative organisiert hatte, die sich an der dringend erforderlichen Schulaufsicht beteiligte. Und für den Stadtrat, der für das Viertel zuständig war, war sie so etwas wie ein unverzichtbarer Aktivposten geworden, weil sie beharrlich und mit stets positiven Impulsen die dringendsten lokalen Probleme aufgriff. Wenn sie auf ein Problem aufmerksam machte, dann lieferte sie stets gleich ein paar Lösungsvorschläge mit, und schließlich war sie auch immer ansprechbar, wenn es vor Ort um die Umsetzung ging.

So wuchs sie ganz natürlich in die Bewältigung von Führungsaufgaben hinein. Oder besser gesagt: Sie war schon längst zu einer Führungspersönlichkeit geworden, ehe sie jemand als solche bezeichnete. Das ging Schritt für Schritt: erst die Betreuung der Nachbarkinder nach der Schule, dann die Organisation der Schulaufsicht. Als das Nachhilfezentrum der Schule Computer brauchte, frischte Dorothy ihre alten Kenntnisse auf und arbeitete die Kalkulation für den Beihilfeantrag aus. Der Direktor war so angetan von ihrer Gründlichkeit und ihrer Herangehensweise, dass er sie bat, doch gleich den ganzen Antrag auszuarbeiten, was sie selbstverständlich gerne übernahm. Und natürlich wurden die Fördermittel auch bewilligt. Diese Erfolge, die sie mit ihrer freiwilligen Arbeit an der Oberschule erzielte, brachten sie wie von selbst zum nächsten Thema, den Belangen der Berufsausbildung nach dem Schulabschluss. Sie kannte inzwischen einige örtliche Sponsoren. Sie sprach sie an, um sie für ein Pilotprogramm zur Berufsausbildung zu gewinnen. Eine Spende für eine Machbarkeitsstudie ermöglichte eine breit angelegte Markt- und Bedarfsanalyse. Chancen und Möglichkeiten wurden ermittelt, und sowohl ein Gründerkreis als auch die Privatwirtschaft kamen zu der Überzeugung, dass sie mittels der Partnerschaft mit Dorothy auch ihre eigenen Interessen befördern konnten. Natürlich hatte Dorothy ihnen allen dabei geholfen, das herauszufinden.

»Was wir hier haben«, sagte Dorothy gerade, »ist eine Art ›Menschenentwicklungsapparat‹. Auf der Nachfrageseite haben wir unsere Hausaufgaben gemeinsam mit den Firmen dieses Bezirks gemacht. Dabei stellten wir fest, dass Philadelphia vor einem bedenklichen Mangel an gut ausgebildeten Mechanikern stand. Wir besuchten Betriebe in der ganzen Stadt und auf den Werftarealen, hunderte an der Zahl, und fragten danach, ob sie bereit wären, Farbige einzustellen, sofern wir ihnen eine hervorragende Ausbildung zukommen ließen. Eine Perspektive zeichnete sich ab: Wenn wir gute Mechaniker hervorbrächten, gut ausgebildet und gleichzeitig zuverlässig, dann würden die Betriebe auch eine Menge Arbeitsplätze mit unseren Absolventen besetzen.

Ich war mir ganz einfach sicher«, fuhr Dorothy mit lauter und voller Stimme wie ein Erweckungsprediger fort, »dass wir es schaffen würden! Ich ließ mir von niemandem einreden, unsere Auszubildenden könnten nicht die besten der Besten werden. Ich richtete unsere ganze Energie auf den Erfolg unserer Schüler. Deren Erfolg war mein Erfolg!

Aus führungstheoretischer Sicht musste ich die bekannten Führungskonzepte, bei denen auch die Übernahme von Verantwortung eine Rolle spielt, vollkommen neu definieren: Man ist nur insoweit in der Verantwortung, wie man sich dazu verpflichtet, alles dafür zu tun, dass auch die eigenen Mitarbeiter Verantwortung übernehmen wollen, dass sie sich für die Verantwortung qualifizieren.«

Ich notierte das.

MAN IST HAUPTSÄCHLICH DESWEGEN IN DER
VERANTWORTUNG, UM ANDERE ZUR VERANTWORTUNG
ZU QUALIFIZIEREN.

Ohnehin schrieb ich so viel mit, wie ich nur konnte. Nach zwei Stunden waren viele Seiten dicht beschrieben – voller Geschichten von Erfolg und veränderten Lebensläufen. Aslan lebt von

Dorothys leidenschaftlichem Einsatz, andere Menschen für die Übernahme von mehr Verantwortung zu qualifizieren. Das ist es, was die Größe des Führungsteams von Aslan ausmacht: die Größe, zu der es auch seine Schüler bringen.

Schließlich legte Dorothy eine Pause ein. »Ich möchte Sie bitten, auch mit Harry Donohue zu sprechen, unserem leitenden Geschäftsführer«, sagte sie. »Er ist Hauptfeldwebel a. D., und jetzt ist er mittendrin in seinem zweiten Leben, seiner zweiten Karriere.« Mit dieser Bemerkung verließ sie uns, und wir machten uns auf die Suche nach ihrem Geschäftsführer.

»Was für eine erstaunliche Frau!«, sagte ich zu Ali.

»Kein Widerspruch von meiner Seite. Aber ich würde gerne von Ihnen hören, welche Eindrücke Sie heute Vormittag gewonnen haben.«

»Dorothy konzentriert sich ganz fantastisch auf den Erfolg des Unternehmens. Und doch arbeitet sie zur gleichen Zeit unentwegt daran, die individuellen Beiträge und die Mitarbeit der einzelnen Mitarbeiter hervorzuheben. Außer in ihrem Fall.«

»So ist es«, sagte Ali. »Es lag mir sehr daran, dass Sie das bemerken. Das ist ein bezeichnendes Merkmal für einen Serving Leader, das Ihnen hier immer und immer wieder auffallen wird. Es geht hier um die Frage des *Ego*. Sie haben es bei Dorothy festgestellt, und es wird Ihnen meiner Meinung nach bei jeder unserer Topführungskräfte begegnen. Sie lenken das Verdienst auf andere Menschen. Dorothy nimmt ihr eigenes *Ego* ständig zurück und baut das der anderen auf.«

»Sodass die Leute schließlich mit sich selbst im Reinen und zufrieden sind.«

»Ja, genau so. Aber das ist noch nicht mal der wichtigste Punkt. Selbstbewusstsein ist sehr wichtig, weil es einen mächtigen Zusammenhang zwischen persönlicher Entwicklung, Risikobereitschaft, Durchhaltevermögen und Erfolg aufbauen kann. Doch sein eigenes *Ego* zurückzunehmen, das hat eine noch tiefer gehende organisatorische Wirkung.«

Ich war mir noch nicht im Klaren, worauf Ali hinauswollte, aber ich hörte ihm jedenfalls sehr aufmerksam zu.

»Der Serving Leader handhabt sein (oder ihr) eigenes *Ego*«, fuhr Ali fort, »weil die größten Leistungen durch echtes Teamwork gestaltet werden. Der Leader stellt die Führungspyramide auf den Kopf, um andere aufzubauen und ihnen zu dienen. Wenn ein Führer sein persönliches *Ego* im Zaum hält – und Selbstwertgefühl und Selbstvertrauen bei anderen aufbaut –, dann erst ist es für das Team möglich, eng zusammenzuarbeiten.«

Wenn ein Führer sein persönliches *Ego* im Zaum hält – und Selbstwertgefühl und Selbstvertrauen bei anderen aufbaut –, dann erst ist es für das Team möglich, eng zusammenzuarbeiten.

»Sie wollen damit sagen, dass dann, wenn eine Topführungskraft die Bedeutung dessen vorlebt, die darin liegt, andere aufzubauen – und wenn sie nicht unbedingt die persönliche Anerkennung dafür beansprucht –, andere Mitglieder des Teams das Gleiche tun?«

»Ganz genau«, sagte Ali. »Indem ein Serving Leader solchermaßen andere an die erste Stelle rückt, wirkt er auf die Entstehung hochleistungsfähiger Teams wie ein Katalysator.«

Wir hatten unser Gespräch kaum beendet, da stiefelte auch schon der Ex-Hauptfeldwebel Donohue herein. Seine blitzblank geputzten schwarzen Schuhe knallten mit präzisen Schritten auf den hölzernen Fußboden. Ich registrierte, wie ich unwillkürlich Haltung annahm: Bauch rein, Brust raus!

»Harry Donohue«, stellte er sich mit volltönender Stimme vor. »Ich werde Sie führen. Also folgen Sie mir.«

»Jawoll!« Ich hätte beinahe zackig gebellt, während ich aufstand und seinem Befehl folgte.

»Kein Jawoll! Sagen Sie Harry zu mir«, wies er mich schroff zurecht. »Ich arbeite hier, um mir meinen Lebensunterhalt zu verdienen.«

Verdutzt riskierte ich einen schnellen Blick zu Ali hinüber, der es nicht schaffte, ein Lächeln zu unterdrücken.

Unsere erste Station war ein Klassenzimmer, das offenbar dem Grundlagenunterricht in Englisch und in Mathematik diente. Harry machte uns mit Schülern bekannt, während wir durch das Klassenzimmer gingen, tat also so ungefähr das Gleiche wie vorhin Dorothy. Er nannte uns beeindruckende Erfolgsstatistiken und berichtete, in welcher Weise man das Selbstvertrauen der Schüler stärkte und wie der Unterricht ablief. Der Raum wirkte wie aus dem Ei gepellt. Die Wände waren fast ganz von Plakaten mit motivierenden Zitaten und mit Erfolgssymbolen bedeckt. Keine Kasernenstube, die eine Inspektion erwartete, hätte sauberer sein können.

»Wären Sie so freundlich, Harry, mir die Geheimnisse des Erfolgs zu nennen?«, begann ich.

»Hier gibt es keine Geheimnisse«, antwortete er. »Mir sind die Schüler das Wichtigste. Immer noch stehe ich jeden Morgen um 4:30 Uhr auf, um schon da zu sein, ehe die Schüler eintreffen. Ich setzte die Regeln durch. Wenn einer zweimal fehlt, ist er draußen. Wer während des Unterrichts schläft, ist draußen. Drogen oder andere verbotene Sachen: draußen! Wer keine guten Noten schafft, dem bieten wir so viel Hilfe an wie möglich. Aber wer die

Mindestnoten auch dann nicht erreichen kann oder will, der ist leider draußen.«

Er verschnaufte und fuhr fort. »Das Leben ist wie ein Drahtseilakt. Wir hätscheln unsere Schüler nicht. Ganz einfach, weil es ihnen nicht gut tut. Wir glauben an ihre Empfänglichkeit für Strenge und Entschlossenheit, und sie geben sich Mühe, unsere Erwartungen nicht zu enttäuschen. Um Erfolg zu haben, müssen sie es schaffen, oben auf dem Drahtseil zu bleiben.«

»Was mich hier vor allem interessiert«, sagte ich, »ist die Art und Weise, in der die Führungskräfte nicht sich selbst, sondern die Schüler an die erste Stelle rücken. Ich nenne das ›die Pyramide auf den Kopf stellen‹. Sie und Dorothy und die anderen aus der Führungsspitze begeben sich auf den Boden der Pyramide, und sie arbeiten dafür, die Schüler nach oben zu befördern.«

Harry nickte kurz.

»Aber jetzt fällt mir auf, dass noch etwas anderes dazukommt, etwas ganz Unterschiedliches, man könnte fast sagen, Widersprüchliches: Einerseits helfen und dienen Sie den Leuten, auf der anderen Seite herrschen hier wirklich strenge Regeln! Wie verträgt sich das miteinander?«

Harry machte schon den Mund auf, um zu antworten, aber Ali schnitt ihm das Wort ab. »Tut mir Leid, dass ich Sie enttäuschen muss, Mike, aber Ihre Frage wird schon bei unserer nächsten Station beantwortet. Und wir sind schon ein bisschen spät dran.«

Ich war enttäuscht. Ich wusste doch, dass ich mit Harry noch nicht einmal richtig begonnen hatte. Ich bedankte mich für die Zeit, die er geopfert hatte, und versprach einen weiteren Besuch in Kürze. Er sagte, dass er sich darüber freuen würde, und irgendwie glaubte ich ihm das auch.

»Harry«, diese Frage fiel mir doch noch ein, als wir gerade aus dem Raum gingen, »wie sind Sie eigentlich Dorothy begegnet?«

Harrys Persönlichkeit veränderte sich schlagartig, vor meinen Augen. Plötzlich war er nicht mehr der auf Kampf trainierte, ladstockgleiche »harte Knochen«. Genau so musste ein Polizist aussehen, der sich – endlich zuhause! – erleichtert in seinen Lieblingssessel fallen lässt, nachdem er den ersten Tag im übelsten Revier der Stadt überstanden hat, in das man ihn zur Strafe versetzt hat. Misstrauen und angespannte Wachsamkeit waren wie weggeblasen.

»Sie hat meinen Jungen gerettet«, antwortete Harry schlicht. Wir schauten uns gerade in die Augen. In diesem Augenblick stand nicht der einstige Hauptfeldwebel und Sondereinsatzführer Harry Donohue vor mir, sondern ganz einfach ein Vater.

Ich nickte ihm verständnisvoll zu. Mit diesem Mann möchte ich mehr Zeit verbringen.

»Ich begreife jetzt, warum Sie dieses Unternehmen so lieben«, sagte ich zu Ali, als wir zum Parkplatz zurückgingen. »Die Fähigkeiten der Menschen hier sind außergewöhnlich. Wie kommt das nur zustande?«

»Warten Sie mit der Analyse noch ein wenig«, fiel mir Ali ins Wort. »Sagen Sie mir erst, was Sie hier *gefühlt* haben.«

Ich machte auf dem Absatz kehrt und hob die Hände, mit den Innenflächen zu dem Fabrikgebäude gekehrt. Dann schloss ich die Augen. »Ich fühle die Kraft«, sagte ich und machte mich ein kleines bisschen lustig über die Frage. Ali lachte gutmütig. »Jetzt mal im Ernst. Was haben Sie da drin gefühlt?«

»Ich fühlte mich ein wenig irritiert. Die Führungskräfte scheinen ihre Schüler – ich kann kein passenderes Wort dafür finden – ja, zu lieben. Doch geht es wirklich um Liebe? Hier geht's doch letztendlich um eine harte Erziehung.«

»Genau genommen ist ›Irritation‹ kein Gefühl«, sagte Ali mit leichtem Tadel in der Stimme, doch mit einem freundlichen Lächeln. »Aber ich werde Ihre Antwort akzeptieren. Sie haben die Liebe gefühlt. Und gesehen haben Sie die unnachgiebige Strenge. Und jetzt rätseln Sie über diesen scheinbaren Widerspruch.«

Aha, Ali macht auch ein bisschen auf Seelenklempner. Warum eigentlich nicht? Ich bin nicht gerade berühmt dafür, mich im Reich der Gefühle zurechtzufinden. »Sie haben schon recht. Gespürt habe ich die Liebe, und irritiert bin ich von dem, was ich sah.«

»Das bedeutet letztlich, dass Sie schon dabei sind, es zu begreifen, stimmt's?«, sagte er. Im Gesicht hatte er ein breites Grinsen, als er meinen zweifelnden Blick bemerkte. »Wir können uns aber jetzt nicht erlauben herumzutrödeln«, drängte Ali und berührte mich an der Schulter. »Ich muss Sie jetzt zu unserer zweiten Verabredung bringen. Von außen gesehen wird Ihnen das nächste Unternehmen als etwas völlig anderes vorkommen – es handelt sich um wohl eines der größten Unternehmen der Biotechnologie in unserem Land. Bei näherem Hinsehen werden Sie aber sehen, dass einige der nächsten Bausteine für das Serving-Leader-Modell genau in das Bild passen, dessen erste Teile Sie hier bei Aslan kennen gelernt haben.«

Im Wagen ließ ich mir nochmals durch den Kopf gehen, was ich bisher erfahren hatte. Der erste Führungsgrundsatz der Serving Leaders besteht darin, die Pyramide auf den Kopf zu stellen. Das hat zwei Aspekte: Der Serving Leader begibt sich in der Pyramide nach unten. Und: Der Serving Leader konzentriert sich darauf, andere Mitarbeiter aufzubauen und aufsteigen zu lassen. Der Kommentar meines Vaters über das Paradox fiel mir wieder ein, und ich begriff dieses Paradox jetzt als Folge der Tatsache, dass die Pyramide auf den Kopf gestellt wurde. Und mir dämmerte, dass auch meine Unterhaltung mit Harry über die Regeln ein solches Paradox aufzeigte.

Ich dachte gerade über meine letzte Frage an Harry nach – die Frage nach dem Dienen und der Strenge –, als Ali bei BioWorks auf den Hof fuhr.

Die nächste Aufgabe: die Latte höher legen

»BioWorks gilt in allen Unternehmenslisten als heißer Tipp«, begann Ali. Und ich fing in meinem Notizbuch ein neues Kapitel an. »Es handelt sich um ein innovatives Hochtechnologie-Unternehmen, das nachhaltige Technologien der nächsten Generation entwickelt. Im Laufe der Jahre hat es sich auf Landwirtschaft und Energie spezialisiert, vor allem auf den Sektor Biotreibstoffe. Die Forschung des Unternehmens über Energiegewinnung aus Biomasse weist den Weg in eine Zukunft, in der die gesamte Energie aus erneuerbaren Quellen kommt, CO_2-frei *und* biologisch abbaubar.«

Verblüfft schaute ich Ali an. Ich wusste nichts über das Thema und hatte nicht viel von dem verstanden, was er gesagt hatte.

»Kein Treibhausgase«, sagte Ali gerade. »Keine globale Erwärmung. Und keine Abhängigkeit mehr von ausländischem Öl. Ist das nicht großartig?«, ergänzte er mit einem breiten Grinsen, damit ich auch wirklich sehen konnte, an welch entscheidender Front BioWorks arbeitete.

»Was Sie sicher besonders beeindruckend finden werden, das ist der Wettbewerbsvorsprung, den BioWorks im neuen globalen Markt gerade dadurch gewonnen hat, dass es sich auf die Prinzipien des Serving Leadership festgelegt hat.«

Als wir bei einer Reihe niedriger Gebäude angekommen waren, wurden wir schon an der Tür von Stephen Cray empfangen, einem der Vorstandsvorsitzenden, die ich tags zuvor kennen gelernt hatte.

»Hallo, Leute«, sagte er. »Schön, Sie wiederzusehen, Mike. Gehen wir zuerst in mein Büro.«

»Stephen«, sagte ich, »Sie wissen, dass ich so etwas wie einen Auftrag habe, auch anhand Ihres Unternehmens herauszufinden, was einen Serving Leader ausmacht und was ihn so effektiv macht. Ich muss aber zugeben, dass ich von Biotechnologie nicht sehr viel weiß.«

»Ich arbeite mich auch die ganze Zeit weiter ein«, meinte er lächelnd.

»Na ja«, gab ich verdutzt zurück, »so wie Ali Ihre Arbeit hier beschrieben hat, haben Sie zumindest eine schnelle Auffassungsgabe.«

Stephen lachte bloß. Er führte uns in sein Büro, und seine Assistentin stellte uns die obligate Frage, was wir denn trinken wollten, »mit« oder »ohne« Kohlensäure.

»Was mich interessiert«, machte ich weiter, als wir uns hingesetzt und unser Getränk bekommen hatten, »ist vor allem, welches Selbstverständnis man in Ihrer Firma von Führung hat und wie man es hier in der betrieblichen Praxis umsetzt.«

Stephen lachte wieder. »Ich glaube, ich sollte lieber gleich sagen, dass ich alles andere als ein Experte für Personalführung bin, auch dafür nicht. Aber ich kann Ihnen erzählen, was ich weiß«.

Nach einer kurzen Gedankenpause fügte er hinzu: »Und was wir hier praktizieren. Also: Hier bei BioWorks glauben wir daran, dass der Schlüssel zu allen Führungsfragen die Auswahl der richtigen Leute ist, von Menschen mit der richtigen Qualifikation und den richtigen Werten, von Menschen, die sich für unseren Unternehmenszweck begeistern, die richtigen Energien zu finden und darin besser zu sein als die anderen in unserer Branche.«

Ich hörte gespannt zu, und schon begann sich in meinem Hinterkopf eine Frage zu formen.

»Wir sind bei der Auswahl unserer Mitarbeiter äußerst diszipliniert und wählerisch, weil wir hier auf einem sehr hohen Niveau arbeiten. Offen gesagt, ist es sehr schwer, in diese Firma reinzukommen. Wir prüfen unsere Kandidaten hinsichtlich ihrer Kompetenz und ihrer Wertvorstellungen – solche, die sich als Indikatoren für den späteren Erfolg in unserer Firma herausgestellt haben. Wir führen mit den Bewerbern ausführliche Gespräche, um zu erkennen, wie sie zu diesen Kompetenzen und Werten stehen. Wir drängen die Kandidaten dazu, ihre typischen Verhaltensweisen und Fähigkeiten darzulegen. Wenn sie in all diesen Prüfungen, Gesprächen und Tests genügend Punkte gesammelt haben, dann haben sie die erste Hürde genommen.«

Stephen grinste schon wieder, wahrscheinlich wegen der immer tiefer werdenden Falten auf meiner Stirn, und auch weil es ihm Spaß machte, so hohe Erwartungen zu beschreiben.

»Danach«, fuhr er mit unbewegter Miene fort, »werden die Bewerber von denen interviewt, mit denen sie später vielleicht zusammenarbeiten. Das Team nimmt das ganz ernst. Das Gespräch findet zwar ganz in entspannter Atmosphäre statt, es ergründet die sozusagen immateriellen Werte, den Stil des Kandidaten, seine Einstellung zum Teamwork und seine Fähigkeit, in einem Team zu arbeiten. Wir wollen dabei auch gerne herausfinden, ob der Bewerber etwas Positives zu unserer Unternehmenskultur beitragen kann. Ganz am Schluss holen wir möglichst zahlreiche Referenzen bei den Unternehmen ein, bei denen der Kandidat vorher gearbeitet hat. Sie sehen, wir sind hier sehr wählerisch und pingelig.«

Er lachte wieder und nahm dadurch seinen Ausführungen ein wenig die Schärfe.

»Hie sehen Sie ein Zitat, das ich auf dem Schreibtisch stehen habe«, fuhr er fort und reichte mir eine Tafel.

> BEI ALL SEINEN POLITISCHEN VERPFLICHTUNGEN
> – DIE GESAMTEN ZIVILEN UND MILITÄRISCHEN KRIEGS-
> ANSTRENGUNGEN ZU BÜNDELN – VERBRACHTE ER DIE
> HÄLFTE SEINER ZEIT DAMIT, DIE RICHTIGEN LEUTE FÜR
> DIE RICHTIGE AUFGABE ZUR RICHTIGEN ZEIT ZU FINDEN.
> PETER F. DRUCKER ÜBER GENERAL GEORGE C. MARSHALL

»Ich muss Sie bitten, Stephen, hier kurz innezuhalten«, warf ich schließlich ein, weil ich die Frage, die schon die ganze Zeit in mir rumorte, nicht mehr länger hinauszögern konnte. »Ali hatte mich vorhin schon zu Aslan geführt, und ich habe dort so ziemlich genau das Gleiche zu hören bekommen wie jetzt von Ihnen. Aber ist es nicht paradox für einen Manager, der mittels Dienen führen will, so hart und kompromisslos bei der Festlegung von Einstellungskriterien und der Auswahl von Bewerbern zu sein wie Sie?«, fragte ich ziemlich aufgeregt. »Das ist doch ein Widerspruch. Einer Sache dienen, das hat doch eigentlich etwas mit einer sanften Vorgehensweise zu tun – und es sollte auch etwas, ja, Liebe mit dabei sein. Aber alles, was ich von Harry Donohue bei Aslan zu hören bekam, war knallhart – und jetzt erlebe ich hier das Gleiche.«

Stephen schenkte mir ein verständnisvolles Nicken, und sein Blick zeigte volles Verständnis. »Ich weiß, was Sie sagen wollen. Und man braucht auch nicht zu fragen, wessen Sohn Sie sind. Ihr Vater spricht dauernd von den Paradoxien, die ein effektives Serving Leadership ausmachen. Schauen Sie doch bloß mal den Be-

griff ›Serving Leadership‹ an! Zwei augenscheinlich widersprüchliche Wörter wie *dienen* und *führen* werden zusammengebracht, um eine größere und überzeugende Wahrheit zu schaffen.«
Damit hatte er mich, wo er mich haben wollte. Wir lächelten einander an. Ich könnte mich an solche Rätsel, glaube ich, ganz gut gewöhnen. Obwohl ich selbst schon seit langem geübt bin, Erklärungen zu suchen und zu geben, sind vielleicht die wirklich wahren Dinge des Lebens gar nicht so leicht zu erklären.

»Ich versuche mal, es Ihnen ganz einfach zu erklären«, fuhr Stephen fort. »Um möglichst vielen Menschen dienen zu können, muss ein Serving Leader erst mal ganz wenige andere Führungskräfte auswählen – nämlich solche, die den entsprechenden Anforderungen auch gewachsen sind. Diese bilden dann ein Team. Es wird Ihnen einleuchten, dass ein Serving Leader, der in allen Bereichen gewaltige Produktivitätssteigerungen schaffen will, ein Team braucht, das uneingeschränkt willens ist, anderen Menschen zu nutzen und zu dienen. Und die Teammitglieder werden, wenn sie an der Reihe sind, auch wieder anderen helfen, solche Teams aufzubauen, und die Erfolge werden wie eine endlose Spirale wachsen und wachsen. Und das alles hat seinen Anfang in dem einen Serving Leader, der als Erster die Latte höher gelegt hat.«

Ich griff nach meinem Notizbuch und hielt schnell Stephens Wendung fest: »die Latte höher legen«, und auch seinen Satz von vorhin:

Um vielen zu dienen, dient man zuerst
nur ganz wenigen.

»Die Vorgehensweise, die Jesus von Nazareth gewählt hat«, sagte Stephen, »ist in dieser Hinsicht ganz lehrreich. Er hätte aus tausenden seiner eifrigen Anhänger wählen können, aber er wählte nur zwölf, und er verbrachte bis zum Ende seine Zeit damit, mit ihnen zusammen zu sein, ihnen zu *dienen* und sie darauf vorzubereiten, das Gleiche mit anderen zu tun. Und schauen Sie sich das Ergebnis dieses Multiplizierens und Potenzierens an, das seine Methode bis zum heutigen Tag bestätigt.«

Ich unterbrach ihn. »Ja, ich hab's ja verstanden.« Das kam brüsker heraus, als es gedacht war. Beim Thema Religion fühle ich mich nämlich immer unwohl, aber ich hatte keinesfalls die Absicht, grob zu werden. Ali und Stephen warfen sich einen Blick zu. Sie hatten natürlich mein Unbehagen bemerkt.

»Erzählen Sie mir noch mehr über diesen Zusammenhang zwischen Dienen und Teamentwicklung, und darüber, wie man auf diese Weise erfolgreich sein kann«, sagte ich, denn ich wollte das Gespräch natürlich fortsetzen.

»Aber gern doch«, gab Stephen zur Antwort, unbeeindruckt von meiner flegelhaften Art. »Wir verwenden hier gern die Redensart, dass Aktivität kein Ersatz für Erfolge ist. In einem Unternehmen wie diesem gibt es immer mehr zu tun, als man tun kann. Es bleibt uns deswegen gar nichts anderes übrig, als eine Auswahl zu treffen, und wir belohnen auch niemanden nur dafür, dass er *etwas* tut.«

»Können Sie das an einem Beispiel erklären?«

»Sicher. Wir sind, obwohl wir ein High-Tech-Unternehmen sind, gegenüber neuen Technologien sehr skeptisch. Es ist nämlich durchaus möglich, dass man sich in all diese neuen Werkzeuge, die es in unserer Branche gibt, sozusagen ›verliebt‹. Niemand wird bei uns dafür bezahlt, dass er mit den neuesten Spielsachen spielt. Wir drängen unsere Forscher und Manager dazu, sich stets zu vergewissern, dass sie die zur Verfügung stehenden Technologien ausschließlich dazu verwenden, Ergebnisse zu produzieren.

Unsere Technologielieferanten wissen, dass wir knallharte Kunden sind. Wir haben den Ruf, schwierig zu sein. Aber sie wissen auch, dass sie uns, *wenn* sie uns etwas verkaufen, in der ganzen Welt als die beste Referenz verwenden können. Ich möchte für unsere Mitarbeiter die *absolut besten*, nicht einfach *einen Haufen Werkzeuge*. In diesem Punkt sind wir unbarmherzig. Gehen Sie mit mir nur mal durch die Labors.«

Man führte uns in ein geradezu exotisch anmutendes Labor. Ein siebenköpfiges Team begrüßte uns.

»Begrüßen Sie bitte Mike Wilson«, begann Stephen. »Der eine oder andere wird seinen Vater kennen, Robert Wilson.«

Der Empfang wurde schlagartig herzlicher. Mit Vater in Verbindung gebracht zu werden, erhöhte offenkundig mein Ansehen.

»Mike befasst sich mit Führungssystemen in Technologiefirmen, wie wir eine sind. Erzählt ihm doch ein bisschen davon, wie das bei uns vor sich geht.«

»Wir freuen uns darüber, dass Sie uns besuchen, Mike«, sagte eine sehr attraktive Frau, die einen weißen Mantel trug und links neben mir stand. »Ich bin Anna Park. Ich bin hier eine der Programmiererinnen. Wir arbeiten an der Entwicklung von Computermodellen mit, die in den jeweils ersten Versuchsstadien eine besondere Rolle spielen. Ich hatte übrigens das Vergnügen, eine Zeit lang mit Ihrem Vater zusammenzuarbeiten«, ergänzte sie herzlich.

Ich war ganz Auge und Ohr. Ihrem Aussehen nach war sie Mitte Dreißig. Sie hatte ein fröhliches Gesicht und wissbegierige Augen. Sie machten aus der hübschen Frau eine wahrhaft strahlende Schönheit. Ich muss zugeben, dass mir ihre beinahe liebevolle Bemerkung über meinen Vater das Gefühl gab, auch ich sei gemeint. Sie mochte meinen Vater, und ein schwacher Abglanz davon fiel auch auf mich.

»Richtig führen ist der Schlüssel zu allem«, fuhr Anna fort. »Ihr Vater war es, der uns dazu verholfen hat, alle unsere Überlegungen über Führung auf den Erfolg des ganzen Teams auszurichten. Wir legen bei Leistung und Können hohe Maßstäbe an und legen auch für uns die Latte immer höher. Wir erwarten mehr und immer mehr, und zwar beständig.«

»Können Sie mir darüber noch etwas mehr erzählen?«, fragte ich.

»Ja, gern. Wir setzen uns zum Beispiel jeden Tag zusammen und sprechen die Ergebnisse durch, die wir durch unser Experimentieren an diesem Tag gewonnen haben, und arbeiten dann heraus, ob und wie sie als Plattform dienen können, zu einem aussagekräftigen Resultat oder gar einer Theorie zu gelangen.«

»Das machen Sie jeden Tag?«, fragte ich erstaunt.

»Jeden Tag«, antwortete sie mit Nachdruck. »Und am Ende jeder Woche schließlich gleichen wir die Tagesergebnisse ab, notieren sie auf einer Wandtafel und prüfen sie auf mögliche Zusammenhänge. Zudem stehen wir rund um den Globus mit vier anderen Teams in Verbindung. Eines in Großbritannien, ein zweites in Boston, das dritte gleich hier im Zentrum von Philadelphia und eines in San Diego. Wir sind via Intranet miteinander verbunden und besprechen mit ihnen die Ergebnisse jeder Woche. Vierteljährlich stellen wir fest, wie weit wir in der Erreichung unserer Ziele gekommen sind, und dann legen wir für das nächste Vierteljahr die Latte wieder etwas höher.«

»Boah, ist das *cool*!«, platzte ich heraus, nicht gerade professionell.

»Ja, so kann man es tatsächlich ausdrücken«, stimmte Anna zu und schaute mich lächelnd an. »Früher haben wir uns alle halbe Jahre mal gesehen und uns zusammengesetzt, um unsere Daten zu vergleichen. Jetzt sprechen wir jede Woche miteinander.«

»Noch eine Frage. Ihre Formulierung ›die Latte höher legen‹ erinnert mich daran, dass Stephen denselben Ausdruck gebrauchte, ehe wir hierhin kamen. Er hat uns erzählt, dass es sehr schwer ist, in diesem Unternehmen angenommen zu werden.«

»Das stimmt auch«, bestätigte Anna. Ich konnte sehen, dass mehrere Mitarbeiter zustimmend nickten, mit einem gewissen Stolz im Gesicht.

»Hören Sie, jetzt bin aber ein bisschen neugierig. Wie sieht die andere Seite der Medaille aus? Kommt es vor, dass Serving Leaders wie Sie auch Leute rausdrücken?« Die anderen Teammitarbeiter tauschten verstohlene Blicke aus.

»Das ist ein schwieriges Thema«, fuhr Anna nachdenklich fort. »Vergleichen Sie's mal mit einer Hockeymannschaft. Es hat schon oft erstklassige junge Spieler gegeben, die aber nicht für die Profiliga taugten. Sie zeigen viel versprechende Eigenschaften, ein gutes Potenzial, aber sie bringen es nicht bis zur nächsten Ebene. Wenn sie in der Mannschaft blieben, würde das im schlimmsten Fall dazu führen, dass die ganze Mannschaft nicht über mittelmäßige Leistungen hinauskommt. Wenn hier bei BioWorks der seltene Fall eintritt, dass es ein Mitarbeiter nicht ›bringt‹, dann wird ein aufwändiges Qualifikationsverfahren eingeleitet, eine Art Nachhilfeunterricht. Wenn sich die Leistung im Lauf der Zeit trotzdem nicht so entwickelt, wie sie sollte, dann helfen wir ihm oder ihr, anderswo unterzukommen. Ich weiß, dass das hart klingt, aber es ist ein unvermeidlicher Prozess, und wir arbeiten so, dass jeder das bekommt, was ihm gebührt.«

»Danke«, sagte ich kopfschüttelnd. Ich war verblüfft über das Ausmaß an ehrlicher Selbsteinschätzung und auch Selbstreflexion, das es hier geben musste.

Als wir wieder in Alis Wagen saßen, ließen wir den Tag noch einmal Revue passieren. Ali sagte: »Ich würde jetzt gerne von Ihnen hören, welche bestimmenden Eindrücke Sie an den zwei Arbeitsstätten, die wir heute besucht haben, gewonnen haben.«

»Na ja«, sagte ich, »begonnen hat alles zunächst damit, dass ich alles darüber hörte, was es mit dem Dienen als Führungsstil auf sich hat. Sie, Ali, haben gestern auf der Serviette die Pyramide auf den Kopf gestellt. Dorothy hat das vorgelebt, indem sie sich in der Pyramide ganz nach unten begab, um so jedem anderen in ihrer Organisation dienen zu können.«

»Und?«

»Und dann schlenderte Harry herein. Dann kamen wir hierher und trafen mit Stephen und Anna zusammen. Und seither hat sich alles, was ich gehört habe, um diese hohen Erwartungen gedreht. Ich habe Stephens Ausdruck ›die Latte höher legen‹ notiert, und denselben Ausdruck hat auch Anna verwendet.«

»Und worum handelt es sich da?«, fragte Ali mit einem Lächeln. Ich wusste ja, dass er's wusste, und dass er es genoss, dabei zuzuschauen, wie ich in Fahrt kam.

»Es handelt sich um zweierlei, denke ich«, antwortete ich. Ich hatte nichts dagegen, den guten Schüler zu spielen. »Erstens kommt es darauf an, bei der Auswahl der Führungskräfte, mit denen man zusammenarbeiten will, besonders selektiv vorzugehen. Und zweitens kommt es darauf an, die Anforderungen an Können und Leistung kontinuierlich hochzuschrauben.«

Erstens kommt es darauf an, bei der Auswahl der Führungskräfte, mit denen man zusammenarbeiten will, besonders selektiv vorzugehen. Und zweitens kommt es darauf an, die Anforderungen an Können und Leistung kontinuierlich hochzuschrauben.

Ich ackerte brav weiter. »Ich muss einräumen, dass ich bei der Diskussion über das optimale Führungssystem voreingenommen war – und zwar gegen die Idee des Dienens. Ich hielt das für eine zu weiche und zu schwache Haltung. Ich dachte zuerst, damit sei gemeint, man würde einfach jedem dienen – etwa so wie man Suppe an Obdachlose verteilt.«

»Das ist ein weit verbreitetes Missverständnis«, sagte Ali, der sich den Anflug eines zufriedenen Lächelns erlaubte.

»Aber es ist ein Widerspruch.« Ich schlug mein Notizbuch auf und suchte die entsprechende Stelle. Ich las vor: »Um vielen zu dienen, dient man zuerst nur ganz wenigen.«

»Ja, richtig! Es geht um die Vervielfachung von Höchstleistungen.« Ich glaube, dass Ali damit aufhören wollte, Sokrates zu spielen und immer nur Fragen zu stellen. »Um vielen zu dienen«, fuhr er jetzt begeistert fort, »muss der Serving Leader zuerst einige wenige auswählen, auf die er sich konzentriert, aber es sind die Leistungen dieser Wenigen, verstehen Sie, durch die dem Team gedient wird, dem Unternehmen, und schließlich der ganzen Gesellschaft. Dieses Verfahren der Auswahl führt zu einem exponentiellen Effekt. Ein Serving Leader *muss* wählerisch sein. Sie müssen diese extrem strenge Auswahl unter denjenigen treffen, zu denen sie selbst gehören wollen. Sie müssen jene finden, die dazu fähig sind, diese wirkungsvolle Serving-Leader-Methode mit anderen zu wiederholen.«

»Okay«, unterbrach ich ihn. »Ich bin durchaus vertraut mit dem Thema ›Auswahl‹. Aber wie wollen Sie garantieren, dass die Erwartung ständig steigender Leistungen zum Bild eines Serving Leader passt? Mir ist natürlich klar, dass das gut für die Firma ist. Man erreicht damit bessere Ergebnisse. Aber inwiefern ist es gut für die Mitarbeiter, und besonders für die, die strampeln müssen?«

»Beide Unternehmen, um die es geht, sind sehr um ihre Mitarbeiter besorgt!«, entgegnete Ali nicht ohne Schärfe.

»Ich weiß, ich weiß«, antwortete ich. »Ich konnte es allen Gesichtern ablesen, dass es wahr ist. Ich will aber wissen, *wie* es funktioniert. Aslan hat überwiegend mit Menschen zu tun, die in ihrem Leben mehr Tiefen als Höhen verkraften mussten, und Harry haut noch mal mit dem Hammer auf sie drauf. Sie haben mir versprochen, dass meine Fragen dazu bei BioWorks ihre Antwort finden würden.«

»Was ist also Ihre Frage?«

»Inwiefern hilft es den Leuten, wenn man hart oder gar brutal zu ihnen ist? Es verhilft vielleicht zu einem besseren Produkt, sogar zu einer besseren Firma. Aber inwiefern hilft es den Menschen?«

»Es hat damit zu tun, wie die Menschen nun mal beschaffen sind«, legte Ali dar. »Wir versuchen meist das zu erreichen, was andere von uns erwarten. Das gilt ebenso für die Reichen wie für die Armen, für die Leute, die's leicht haben und für die, die's schwer haben. Wenn man uns wenig zumutet, werden wir versuchen, die in uns gesetzten Erwartungen zu erfüllen. Aber wenn man viel von uns erwartet, dann werden wir uns strecken und mit den gesteckten Zielen wachsen.«

Ali schaute mich mit ernstem Gesicht an, um zu sehen, wie seine Worte auf mich wirkten.

»Ich kenne einige Leute, die mit allem aufgewachsen sind, was das Herz begehrt. Mit wirklich allem. Nur eines haben sie niemals kennen gelernt: hohe Anforderungen und elterliche Strenge. Das ist alles andere als schön. Das Gleiche gilt natürlich für Kinder, die nichts als Entbehrungen kennen gelernt haben. Keine Hoffnung oder keine Strenge – beides ist nicht gut.«

Wir schauten uns an, Ali und ich. Ich hatte das auch erlebt. Ich habe wahrscheinlich immer gedacht, dass man die Armen ein bisschen nachsichtiger behandeln sollte, dass man ihnen eine besondere Chance einräumen sollte.

»Wie soll jemandem denn damit gedient sein«, fragte Ali, so als hätte er meine Gedanken lesen können, »ihm die Herausforderung zu verweigern, wirklich großartig zu werden, ich meine grandios? Was sollte das für eine Liebe sein, die immer nur nachgibt und aus einem Menschen einen Taugenichts macht? Der beste Weg, jemanden von unten rauszuholen, ist der, ihm einen Grund zu geben, nach oben zu wollen.«

Das schrieb ich auf.

> DER BESTE WEG, JEMANDEN VON UNTEN RAUSZUHOLEN, IST DER, IHM EINEN GRUND ZU GEBEN, NACH OBEN ZU WOLLEN.

»Das also ist es«, sagte ich. »Menschen sind menschlich. Wie auch immer sie beschaffen sein mögen: Sie können etwas Großartiges und Außerordentliches nur erreichen und leisten, wenn man es von ihnen erwartet. Genauso läuft es, ganz gleichgültig, ob einem das nett oder weniger nett vorkommt.« Ich war in einer nachdenklichen Stimmung.

»Das ist ein Teil der Antwort, Mike«, antwortete Ali. »Aber nur ein Teil. Wir wollen uns noch einiges für morgen aufheben, einverstanden? Sie werden dann sehen, dass es nicht damit getan ist, ›die Latte höher zu legen‹. Ein erfolgreicher Serving Leader muss mehr tun, als ›die Pyramide auf den Kopf zu stellen‹ und ›die Latte höher zu legen‹.«

Als wir wieder in die Auffahrt zum Haus meiner Eltern einbogen, sagte ich: »Ich komme zu dem Schluss, dass ich das System des Serving Leadership nicht durch bloßes Zuschauen begreifen werde. Ich glaube, dass ich selbst ein Serving Leader *werden* muss, um das Wesen dessen zu verstehen, was Ihr hier macht. Meinen Sie, ich könnte etwas mehr praktische Erfahrung sammeln?«

Ali lächelte. »Ihr Vater hatte, was Sie betrifft, absolut Recht. Sie sind der Mann, nach dem wir gesucht haben. Sie werden bekommen, wonach Sie suchen. Ich glaube, dass eine passende Gelegenheit für Sie, durch Dienen zu führen, schneller kommt, als Sie denken.«

Als ich aus seinem Wagen ausstieg, fügte er hinzu: »Ich bin so froh darüber, Mike, dass Sie sich uns angeschlossen haben.«

Sie haben sich uns angeschlossen. Das war der Wortlaut dessen, was Ali sagte, obwohl ich wirklich anmerken muss, dass ich zu keiner Zeit zugestimmt hätte, mich ihnen anzuschließen. Ich hatte zugestimmt, ihre Arbeit zu *studieren*, das ja. Aber jetzt, wo ich am heutigen Abend hier in meinem alten Kinderzimmer sitze, Baseballkarten von früher und eine in Vergessenheit geratene alte Münzsammlung durchsehe, ist mir klar, dass Ali Recht hat. Ich *habe* mich ihnen angeschlossen. Dadurch, dass ich ihnen helfe, ihre Fähigkeiten in die richtigen Begriffe zu fassen, habe ich damit begonnen, sie zu einem Teil meines eigenen Lebens zu machen.

Ich bin der Mann, den sie gebraucht haben!

Mit dieser Erkenntnis machte ich mich daran, eine kurze Zusammenfassung dessen niederzuschreiben, was ich erfahren und begriffen hatte, und die Widersprüche zu überdenken, die ich schon notiert hatte. Ich weiß, dass Papa mich darüber ausfragen wird. Also will ich auch vorbereitet sein.

> DIE PYRAMIDE AUF DEN KOPF STELLEN:
> – MAN QUALIFIZIERT SICH ALS DIE NUMMER EINS, INDEM MAN ANDERE MITARBEITER AN DIE SPITZE BRINGT.

- Man ist hauptsächlich deswegen in der Verantwortung, um andere zur Verantwortung zu qualifizieren.

Die Latte höher legen:
- Um vielen zu dienen, dient man zuerst nur ganz wenigen.
- Der beste Weg, jemanden von unten rauszuholen, ist der, ihm einen Grund zu geben, nach oben zu wollen.

Ich beschloss, auch meine Skizze der Pyramide auf den neuesten Stand zu bringen. Die inzwischen herausgearbeiteten Grundsätze lassen schon einen Zusammenhang erkennen und bauen aufeinander auf. Am Anfang, im Modell ganz unten, stellt der Serving Leader, so wie Dorothy es getan hat, die Pyramide auf den Kopf und stellt sich selbst zur Verfügung, um von unten her das Team aufzubauen. Aber diese Aufbauarbeit kann nicht mit Nachgiebigkeit geleistet werden. So wie Harry und Stephen und Anna es beschrieben haben, werden Leute dann gefördert, wenn die Latte der Erwartungen hoch genug gelegt ist und wenn die Führungskräfte in den Schlüsselpositionen sorgfältig ausgewählt worden sind, sodass sich auf diese Weise die wirkungsvollen Maßnahmen des Serving Leader durch das ganze Unternehmen hin vervielfachen.

Diese beiden Grundsätze beeinflussen einander nachhaltig. Der Serving Leader unterfüttert und unterstützt die Mitglieder des Teams und gibt auch einen Leistungsrahmen vor, den jeder zu erreichen hat. Insofern ist die Unterstützung durch den Serving Leader nicht immer als ›sanft‹ oder ›liebevoll‹ zu bezeichnen, aber seine hohen Erwartungen sind auch nicht unmenschlich.

Hier ist mein neues Bild:

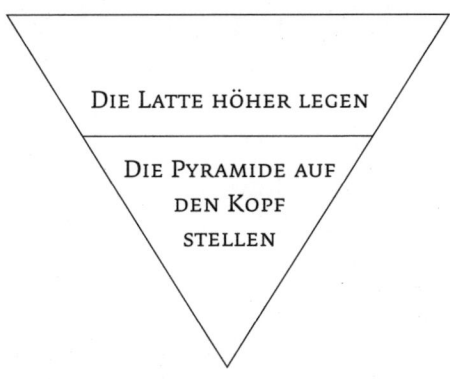

Die Latte höher legen

Die Pyramide auf den Kopf stellen

Jetzt – da ich in diesem Zimmer voller Erinnerungen sitze, an dem Ort, an dem ich einst so jung und voller Hoffnungen gewesen war – schien es mir ganz normal, fast schon träumerisch über das enorme Potenzial von Firmen wie Aslan und über eine Art des Führens nachzusinnen, die mehr umfasst als bloßes Befehlen von oben nach unten oder reine Kontrolle. In diesem Zimmer hatte ich einst von den Möglichkeiten geträumt, die das Leben bietet. Meine Hände waren offen, nicht verkrampft. Und genau so war es mit meinem Herzen.

Aber all diese alten Gegenstände erinnerten mich auch an gescheiterte Hoffnungen und an Verluste. Auf meinem Schreibtisch steht ein Foto von mir mit meinem ersten Hund, einer Promenadenmischung. Ihm konnte ich alles erzählen – mit ihm zusammen konnte ich sogar weinen, als ich noch ein kleiner Junge war –, und er liebte mich ganz einfach. Der Tag, an dem er in unserer Straße angefahren und getötet wurde, war mein erster Vorgeschmack auf das, was schrecklicher Kummer ist. Wie bin ich damals mit diesem ganzen Kummer fertig geworden?

Ein Bild von mir mit meiner alten Clique erinnerte mich an das ganze damalige ernsthafte und doch eigentlich alberne Getue, wenn es darum ging, irgendwo der Erste zu sein. Mal war ich drin, mal draußen. Ich suchte nach Anerkennung. Nach außen tat ich so, als sei's mir egal. An manchem dieser weit zurückliegenden Sommertage wachte ich mit dem Gedanken auf, der neue Tag könne gar nicht anders werden als perfekt. Aber so oft war er's dann nicht. Wie oft fühlte ich mich damals schlicht verloren!

Endlich erwachsen zu werden löste das Problem aber auch nicht!

Und jetzt muss ich Papas Tod mit ansehen und bin mit einer Gruppe mehr oder weniger Fremder zusammen, und doch fühle ich mich irgendwie ein kleines bisschen weniger verloren. Ich fühle mich fast so, als hätte man mich gefunden. Es spielt keine Rolle. Meine kühnsten Zukunftspläne werden in Stücke gerissen, und doch fühle ich einen gewissen Frieden in mir, ein Gefühl, zuhause zu sein. Noch ein Widerspruch.

Wenn ich schon etwas niederschreibe, was ich nicht richtig erklären kann, kann ich die Dinge auch gleich direkt beim Namen nennen. Vaters Clique ist sehr intellektuell. So wie heute im Lauf des Tags bei BioWorks habe ich stets versucht, unbeirrt zum Kern einer Sache vorzudringen, ohne mich ablenken zu lassen. Ich mache manchmal große Augen, weil ich bisher in meiner ganzen Praxis als Unternehmensberater noch mit keinem Kunden über Fragen wie diese gesprochen habe. Ich bin ganz und gar nicht dagegen und ich glaube, dass ich offen dafür bin, hier was dazuzulernen. Trotzdem fühle ich mich auf diesem Gebiet mehr oder weniger unbehaglich.

Vater informierte mich heute Abend endlich über seinen Zustand. Seine Energie hatte seit Monaten zusehends nachgelassen, aber er maß dem keine Bedeutung bei. Er hatte auch Gewicht verloren, hatte keinen Appetit mehr. Störrisch! Als er dann doch endlich auf Mutter hörte und zu seinem Arzt ging, schickte man ihn direkt in die John-Hopkins-Klinik. Es war die bösartige Art, und der Tumor ist nicht operabel. Das, was man das Whipple-Verfahren nennt, war hier nicht möglich. Ein zu großer Tumor. Und sehr schlechte Ergebnisse bei den Lymphknotenbiopsien. Alle stimmten darin überein, bei ihm handle es sich um den schlimmsten Fall unter den ungünstigsten Krebsdiagnosen, der ihnen untergekommen sei. Die ärztliche Kunst kann nichts mehr anderes tun, als die Schmerzen zu therapieren.

Mich schaudert bei dem Gedanken an die Qualen, die er jetzt schon erduldet hat. Darm- und Magenspiegelungen, Ultraschalluntersuchungen des Unterleibs, Kernspintomographien und noch viel mehr. Und alles nur für die Bestätigung der entsetzlichen Wahrheit.

Und trotz allem scheint Vater seinen Frieden gefunden zu haben! Wenn ich nur wüsste, aus welchem Grund?

Die nächste Aufgabe: den Weg bahnen

Papa und Mama hatten sich wieder auf den Weg ins Krankenhaus gemacht, um etwas über die Ergebnisse der gestern durchgeführten Tests zu erfahren. Er ist fest entschlossen, keinerlei medizinische Klimmzüge mehr zuzulassen, die ihm für das bisschen Zeit, das er noch zu leben hat, nichts mehr bringen. Allenfalls überlegen sie, ob sie nicht eine Bestrahlungstherapie gegen die Verstopfung machen lassen wollen, die durch das Tumorwachstum aufgetreten ist. Jetzt wissen wir also, warum Papa keinen Appetit hat.

Ich glaube, dass ich meinen Zeitplan strecken sollte. Sosehr mich Vater draußen »im Einsatz« haben will, sosehr drängt es mich innerlich, ihm mehr Zeit zu widmen. Mein Kopf füllt sich immer mehr mit Fakten, Grundsätzen, Diagrammen. Aber mein Herz braucht – ja, ich weiß nicht genau, was es braucht. Eine Belehrung? Einen Befehl? Eine Verpflichtung? Wenn ich etwas begriffen habe, dann ist es dies: dass man das Serving-Leader-Modell nicht ausschließlich in Fakten und Diagrammen erfassen kann.

Ich denke, dass mein Verhältnis zu Vater ein Schlüssel dafür ist. Immer noch fühle ich mich so entsetzlich getrennt von ihm. Das macht mir Sorgen, denn Vater hat mir eingeschärft, dass ein Serving Leader sich auf eine neue Art persönlicher Bindungen stützt. Na ja, eine solche neue Art persönlicher Bindung zwischen ihm und mir hätte ich gerne.

Heute habe ich mit Will Turner und Martin Goldschmidt den ganzen Tag verbracht. Sie sind ein recht ungewöhnliches und wunderbares Gespann. Ex-Bürgermeister Turner ist Afroamerikaner, ein graubärtiger Christ, umgänglich und charmant und piekfein herausgeputzt. Goldschmidt ist Jude, in Sprache und Auftreten sehr zurückhaltend und auf eine altbackene Art akademisch. Sie lieben sich geradezu und respektieren einander aufs Äußerste. Ich könnte mehr Tage mit zwei Menschen wie diesen verbringen!

Papa sagte mir gestern Abend, dass sie mehr oder weniger der Schlüssel für das ganze Serving-Leader-Projekt sind und dass ich aus der mit ihnen verbrachten Zeit den größten Gewinn ziehen würde.

»Als ich mich von meinem Amt als Bürgermeister zurückzog«, hatte mir Will im Auto gesagt, »fuhr mein ganzes Leben gegen die Wand. Ich hatte den Gipfel meiner Karriere erreicht, das Ziel eines lebenslangen Strebens, aber ich war noch nicht mal zur Hälfte durch die Fünfziger.« Nach einer Pause fuhr er fort: »Was sollte ich jetzt mit all meinen Kontakten, meiner Energie und meiner Leidenschaft für diese Stadt anfangen? Ich war nicht mehr der Bürgermeister, aber immer noch liebte ich die Stadt, der zu dienen mir zum Lebensinhalt geworden war. Ich war in dem Alter, das ein Schriftsteller ›Halbzeit‹ nennen würde. Ich hatte es zu etwas gebracht und ich hatte, wie ich glaube, meiner Stadt gute Dienste geleistet. Aber ich war davon überzeugt, dass es noch etwas, sogar etwas Bedeutenderes geben musste, das ich in diesem Leben noch anpacken konnte.«

»Auf meine ganz bescheidene Art beginne ich langsam zu verstehen, wovon Sie sprechen«, sagte ich. »Nicht dass ich so viel erreicht hätte wie Sie«, ergänzte ich schnell, weil ich das Gefühl hatte, der Vergleich hinke doch ganz schön. »Eigentlich will ich zum Ausdruck bringen, dass ich mir keineswegs sicher bin, ob meine Ziele mir wirklich die Erfüllung bieten, nach der ich mich wirklich sehne.«

»Sie haben mir gerade etwas ganz Wundervolles über sich selbst verraten. Sie sind ein Wagnis eingegangen, sind unterwegs zum Sinn Ihres Lebens. Das gefällt mir!«

Ich lächelte zweifelnd. Ich *hoffe*, dass es so ist. Ich hoffe es wirklich!

»Aber bitte, erzählen Sie mir doch, auf was Sie beide aus sind. Ich weiß nicht mehr, als dass Sie eine gemeinnützige Organisation leiten und dass zu Ihrer Arbeit eine ganze Menge Nachhilfe, Beratung und Lehrtätigkeit gehört.«

»Will macht die ganze Arbeit«, sagte Martin. »Ich schaue eigentlich bloß voller Bewunderung zu.«

»Hören Sie nicht auf diesen Unsinn, Mike«, mischte Will sich ein. »Martins Untersuchungen machen unsere Arbeit erst möglich. Alte Weltverbesserer wie ich sind berühmt-berüchtigt dafür, hinsichtlich der Erfolge immer zu lax zu sein – und das ist unannehmbar. Martin findet heraus, ob unsere guten Werke tatsächlich irgendjemandem irgendetwas Gutes tun. Ich brauche diese Bewertung, die er vornimmt, weil das Leben zu kurz dafür ist, es auf sentimentale Bestrebungen zu verschwenden, die de facto überhaupt nichts besser machen. Wir wollen die Kompassnadel nach den tatsächlichen Sozialindikatoren in unserer Gesellschaft ausrichten.«

Er fuhr mit seinen Erklärungen fort: »Was wir hier aufbauen, ist ein Unterrichts- und Beratungsprogramm, das speziell auf solche Kinder ausgerichtet ist, bei denen ein Elternteil im Gefängnis ist. Kinder von Häftlingen gehören einer der anfälligsten Bevölkerungsgruppen dieser Stadt an. Für diese Kinder etwas zu tun ist für uns alle von Vorteil. Deswegen ziehen wir Serving Leaders heran, die mit diesen Kindern effektiv arbeiten können. Dass wir den Schwerpunkt auf die Ausbildung solcher Führungskräfte gelegt haben, das ist es, was uns hier wirklich Hoffnung macht. Wir haben Kirchen und Firmen in der ganzen Stadt aktiviert, um diese Kinder ausbilden zu können. Wir bedienen uns dabei des Rahmens, den die Big-Brothers-/Big-Sisters-Organisation bietet. Ihr Vater und Ali waren maßgeblich daran beteiligt, dass wir überhaupt beginnen konnten. Unsere Serving Leaders unterrichten die Kinder in Lesen und Mathe, in Lerntechniken und, wichtiger noch, in Lebenskunde. Sie begleiten sie durch durch dick und dünn, sie bleiben bei ihnen und geben ihnen auf diese Weise eine echte Beziehung mit einem Erwachsenen, der bedingungslos auf ihrer Seite ist.«

»Das Entscheidende daran ist«, ergänzte Will, und er sah mich dabei sehr ernst, beinahe herausfordernd an, »dass diese Kinder Liebe spüren!«

Ich nickte nur. Ich kann das noch nicht in eine professionelle Kategorie einordnen, aber ich beginne zu begreifen, dass Liebe in dieser Gleichung ein Faktor ist. In Wills Gesicht konnte ich lesen, dass ich seinen Hinweis verstanden hatte.

»Diese Kinder zeigen eine bemerkenswerte Willensstärke und Lernfähigkeit. Ich bin sehr stolz darauf, was mit ihnen geschieht.« Wills glücklicher Gesichtsausdruck machte diesen Stolz auch sichtbar.

Will und Martin nahmen mich zu Big Brothers mit, damit ich mir auch den Unterricht für angehende Serving Leaders anschauen konnte. Was für eine ungewöhnliche Gruppe war da beisammen: Afroamerikaner, die eigentlich wie Großväter wirkten, junge Vorstadthausfrauen, ein hispanischer Anwalt, der eine

Auszeit genommen hatte, ein vietnamesischer Priester, ein paar Polizisten aus Philadelphia und Moslems, Leute von der Marine, Christen, Juden und an die zwanzig Leute aus dem Bilderbuch der Generation X.

Der Ausbilder führte verschiedene Rollenspiele durch, indem er mehrere angehende Berater die in einem vorgegebenen Skript stehenden Szenen spielen und gestalten ließ. Ich erhielt ein Exemplar des Unterrichtshandbuchs und konnte dem Ganzen folgen, als die Gruppe gerade das Thema »Recht bekommen« spielte. Das Rollenspiel hatten die erste Begegnung zwischen einem neuen Mentor und einem Kind zum Inhalt und zeigte die ganz unterschiedlich ausfallenden Reaktionen eines Kindes auf jemanden, der vorgibt, sich um es kümmern zu wollen.

»Diese Kinder haben, solange sie denken können, so gut wie nichts anderes erfahren, als dass Versprechen gebrochen werden, meine Damen und Herren«, sagte die Ausbilderin gerade. »In deren Ohren klingen Ihre Worte zunächst nicht anders wie ein weiteres Versprechen, das auch gebrochen werden wird. Denn die Ihnen anvertrauten Kinder haben schon zu viele Verletzungen davongetragen.« Die Ausbilderin sprach mit jener zwingenden Autorität, die einem nur zuwächst, wenn man selbst schon vieles erlebt hat. »Sie müssen das richtig verstehen«, sagte sie. »Die Ruppigkeit und die Härte, mit denen man Ihnen begegnen wird, dürfen Sie nicht missdeuten. Die Jugendlichen könnten sogar allerhand Gemeinheiten aushecken, nur um Sie zu ärgern. Das ist wie ein Test. Werden Sie auch aufgeben? Werden Sie sie auch aufgeben, als unverbesserlich, so wie bislang jeder andere auch? Sie werden Sie testen, und deswegen kommt es mir darauf an, dass Sie etwas begreifen, was von allergrößter Wichtigkeit ist.«

Sie schwieg und fixierte die Klasse mit ihren lebensklugen, seelenvollen Augen. Keiner wagte es, sich zu rühren.

»Jedes Kind, das man Ihnen zuweisen wird, wünscht sich ganz verzweifelt, dass Sie diesen Test durchstehen werden!«, beendete sie ihre Ausführungen. Es hätte nicht viel gefehlt, und ich hätte angefangen zu weinen. Ich kann verstehen, dass man sich als Kind wünscht, der Erwachsene möge den Test bestehen. Aber ich hätte nicht gedacht, dass mich dieser Besuch hier so ins Mark treffen würde.

Gegen Schluss der Stunde bat die Lehrerin Will Turner um ein paar Worte. Er wollte Einwände geltend machen, aber die Lehrerin ließ nichts gelten. Der frühere Bürgermeister verwendete seine »paar Worte« dann darauf, jeden Einzelnen der Männer und Frauen, die hier im Raum waren, in ihrer Aufgabe zu bestärken, die – wie er sagte – »die ganze Welt verändern kann«.

Die angehenden Berater hörten begierig und gespannt zu, während Will sprach, geradezu entzückt über die Wertschätzung, die sie zu hören bekamen. Die Bewegung hat etwas tiefer Liegendes berührt und freigesetzt – nicht nur bei den Kindern und Jugendlichen, die die Hilfe bekommen, sondern auch bei jenen Menschen, die hier versammelt sind, um sich selbst bei der Verwirklichung dieser Idee einzubringen. Will bestätigte, welche Veränderung diese Leute in dem Leben anderer Menschen bewirken konnten. Und er malte ihnen eine Gesellschaft aus, die ihren Bemühungen immer wohlwollender gegenüberstand. Ich stellte mir einen »Wasserfall des Dienstes am Nächsten« vor, der in diesem Team seinen Ursprung hatte und sich stufenweise nach unten ergoss und in vielen neues Leben erweckte.

Nach dem Unterricht nahmen mich Will und Martin mit in Wills Büro, das in einem baptistischen Predigerseminar in West-Philadelphia untergebracht war. Will eröffnete das Gespräch.

»Die Zusammenarbeit von Kirchen und Firmen in dieser Stadt ist der Schlüssel zu unserem Erfolg. Starke Impulse sind von den

Kirchen gekommen, die sich zuerst nur um sich selbst gekümmert hatten, dann aber dazu übergingen, für den Dienst an der Gemeinschaft organisatorische Umstellungen vorzunehmen, und die schließlich zu uns gestoßen sind!«

»Trinken Baptisten auch Kaffee, Will?«, fragte ich, weil ich dringend eine Stärkung brauchte, ehe wir weitermachten.

»Doch, das machen wir, Mike. Unten gibt es eine nette Kaffeestube. Wollen wir hingehen und dort weiterreden?«

Als wir uns auf den Weg machten, sagte ich: »Sie müssen mir auf die Sprünge helfen. Diese ›Serving Leader‹, die Sie dafür ausbilden, Kinder und Jugendliche unter ihre Fittiche zu nehmen, sind wirklich beeindruckend. Ich arbeite aber in der Welt der großen Unternehmen. Wie kann das, was diese Serving Leaders tun, im Geschäftsleben Anwendung finden oder in Ihrer früheren Welt der Politik und des Regierens? *Lässt es sich überhaupt anwenden?«*

»Eine Superfrage, Mike«, antwortete Will zustimmend. »Wir meinen, dass effektive Führung, das, was wir Serving Leadership nennen, ein Schlüssel für nachhaltige Erfolge ist. Ich habe das rein intuitiv schon seit Jahren gespürt, aber es war erst Martin, der mir half, klare Gedanken darüber zu entwickeln.«

Wir holten in der Kaffeestube unseren Kaffee und setzten uns an einen Tisch, der direkt an den großen, blanken Fenstern stand, die nach Süden hinausgingen.

»Ich glaube, dass jede Führungskraft eine zweifache Verantwortung hat«, fuhr Will fort. »Wir vermitteln anderen Menschen das Wissen, die Fähigkeiten und die Strategien, die sie brauchen, um erfolgreich zu sein. Und wir arbeiten unermüdlich daran, ihnen Hindernisse aus dem Weg zu räumen, damit sie vorankommen. In unserem Unterrichtszentrum in der Innenstadt arbeiten unsere Führungskräfte daran, den Kindern und Jugendlichen beizubringen, wie sie erfolgreich sein können, und gleichzeitig räumen wir die Hindernisse aus dem Weg.«

Wir vermitteln anderen Menschen das Wissen, die Fähigkeiten und die Strategien, die sie brauchen, um erfolgreich zu sein. Und wir arbeiten unermüdlich daran, ihnen Hindernisse aus dem Weg zu räumen, damit sie vorankommen.

»Können Sie mir einige konkrete Beispiele für diese Hindernisse nennen?«, fragte ich.

»Eine ganze Menge. Ein Lehrer etwa, der von einem Schüler schon von vornherein erwartet, dass er versagt – der ist ein solches Hindernis. In diesem Fall muss man mit dem Lehrer reden und ihn dazu bringen, das Kind anders zu sehen. Und da muss man auch dranbleiben, damit der Lehrer die Sache auch wirklich ernst nimmt. Oder – ein anderer Fall – es steht kein Gesundheitsdienst zur Verfügung, wenn ein Kind krank ist. Das ist ein richtig großes Hindernis. Da muss man die Mutter oder Großmutter oder eben die betreffende Person, die das Kind großzieht, dazu bringen, eine der vom Staat kostenlos gestellten Gesundheitskarten zu besorgen. Wenn ein Mädchen von neun Jahren Ohrenschmerzen hat, dann bekommt es auch ein Antibiotikum und ein Schmerzmittel. Und: Eine Menge dieser Kinder könnten durchaus aufs College gehen, aber sie wissen gar nicht, dass sie das könnten. Das ist ein Hindernis! Sie werden so lange nicht dahin kommen, solange man ihnen nicht sagt, dass es möglich ist. Und wenn man's ihnen gesagt hat, dann begleitet man sie den ganzen Weg über, Schritt für Schritt.«

Er holte Atem und fuhr dann fort: »Es ist also jeweils ein Schritt: Unterricht geben, Wissen vermitteln und Hindernisse beseitigen. Und exakt diese Prinzipien finden auch in Wirtschaft und Politik ihre Anwendung. Serving Leaders müssen ihr Wissen darüber, wie man Erfolg hat, in mundgerechte Häppchen zerlegen. Ein Serving Leader verabreicht diese Führungswissen-Häppchen seinem Team, das es dann wiederum anderen Menschen vermittelt.«

»Das hört sich ein wenig nach den Managementkonzepten Noel Tichys und seiner Michigan School an«, warf ich ein.

»Ich habe es Martin zu verdanken, dass ich tatsächlich weiß, von wem Sie reden«, sagte Will mit einem Lächeln in Richtung seines Freundes. »Er sorgte dafür, dass ich *jedes* Buch gelesen habe, das sich mit unserem Thema bereits beschäftigt hat.«

Martin zog in reservierter Zustimmung eine Augenbraue hoch. Dr. Goldschmidt wurde für mich immer interessanter. Er hatte bislang nicht viel gesagt, und dennoch war mir klar, dass er zu allem, was ich hier zu sehen und zu hören bekam, Hilfestellung geleistet hatte.

»Wir meinen jedoch«, fuhr Will fort, scheinbar unbeeindruckt von meiner zunehmenden Neugier über diese Art von Penn & Teller*, »dass gute Führungskräfte viel Übung benötigen, um ihr Wissen und ihre Erfolgsrezepte, so wie sie in dieser Organisation funktionieren, verständlich und nachvollziehbar zu artikulieren.« Ein weiteres Hochziehen der Augenbrauen bei Dr. Goldschmidt. Ganz augenscheinlich war er der Meinung, dass sein Schüler seine Hausaufgaben gut gemacht hatte!

---

* Penn&Teller sind ein in den USA populäres Comedy-Paar, das alles gemeinsam macht, wobei immer einer der beiden den Ahnungslosen spielt.

»Wir beide veranstalten Seminare für leitende Angestellte aus Wirtschaft und Politik zu den Themen ›Unterricht geben‹ und ›Hindernisse aus dem Weg räumen‹ und wie Serving Leaders vorgehen. Dieser Bereich unserer Arbeit läuft unter der Überschrift ›den Weg bahnen‹, weil ein Serving Leader beides tun muss – Unterricht geben und Hindernisse beiseite räumen, damit andere dem Weg folgen können, den sie gebahnt haben. Es geht auch noch in einer anderen Hinsicht darum, ›den Weg zu bahnen‹«, ergänzte Will mit einem Lächeln um den Mund. »Wir bahnen uns einen Weg mitten hinein in Ihr ureigenstes Feld – die Unternehmensberatung!«

Ich war wie vom Schlag gerührt. Offenbar hatte ich die ganze Geschichte die ganze Zeit missverstanden! Ich hatte sie alle für hoch entwickelte Gutmenschen gehalten, für selbstlose Weltverbesserer. Doch dann hatte ich sie über die strengen Maßstäbe reden hören – bei BioWorks. Dann ging es darum, ›die Latte höher zu legen‹. Und jetzt sprach ich mit einem Mann, der die Serving-Leaders-Methode dazu verwenden wollte, mich bei meinen Unternehmensmanagern aus dem Felde zu schlagen. Charlie hatte Recht: Das ist ein neues Spiel!

»Es macht Ihnen doch hoffentlich nichts aus, mir Ihren Ansatz, Ihre Herangehensweise bei Unternehmensleitungen zu verraten?«, fragte ich. »Sie werden mich jetzt doch nicht im Stich lassen, wo sich herausgestellt hat, dass wir eigentlich Konkurrenten sind, oder etwa doch?«

»Vor der Front ist für uns alle genügend Platz, Mike«, antwortete Will mit Unschuldsmiene. »Unser Ansatz ist ganz einfach. Wir helfen Managern, bessere Lehrer zu werden. Wir vermitteln ihnen die Fähigkeit, sich besser auszudrücken, wenn sie die Strategien, Taktiken, Modelle, das Handwerkszeug, die Herangehensweisen erklären, die in ihren eigenen Unternehmen auf so einzigartige Weise funktionieren. Diese Topführungskräfte sind die ersten Lehrer, ihre Schüler werden dann später ebenfalls zu Lehrern und so weiter und so fort, immer weiter nach unten in der ganzen Organisation. Wir legen es so an, dass die erste Gruppe der nächsten dient, indem sie das Wissen und Können weitergibt, das für die Lösung der brennendsten Probleme des Unternehmens erforderlich ist.«

»Ich sehe vor mir das Bild eines wahren Unterrichtswasserfalls«, sagte ich, »der sich stufenförmig über das ganze Unternehmen ergießt.«

»Das ist ein wunderbares Bild«, antwortete Will. Er machte dazu ein gütiges Gesicht.

»Aber gerät man, wenn man sich so verhält, nicht in die Gefahr, selber seine Stellung zu verlieren?«, fuhr ich fort. »Wenn man den anderen alles das beibringt, was man selber weiß und kann, dann kann es doch leicht sein, dass man selbst nicht mehr gebraucht wird.«

Wills Gesichtszüge hellten sich noch mehr auf, und in seinen Augen glitzerte der Schalk. »Das ist ein Paradox«, erklärte er. »Schon mal was von einem Paradox gehört?«

Ich lachte bloß.

»Je mehr Sie dahin ausbilden, dass man Sie gar nicht mehr braucht, desto mehr steigern Sie Ihren Wert«, fuhr er fort. »Sie wollen Ihren Wert und Ihre Bedeutung behalten? Dann geben Sie alles weg, was Sie haben.« Jetzt strahlte er übers ganze Gesicht. Ich griff nach meinem Stift.

UM IHREN WERT UND IHRE BEDEUTUNG ZU BEHALTEN, MÜSSEN SIE ALLES WEGGEBEN, WAS SIE HABEN.

»Aber warten Sie«, fuhr er fort. »Wir sind mit diesem Punkt noch nicht fertig – es gibt noch einen weiteren Schritt. Denken Sie an Ihren Vergleich mit dem Wasserfall! Der zweite Schritt besteht darin, die Felsbrocken und andere Hindernisse aus dem Weg zu räumen, die den freien Fluss behindern. Unterricht geben und Hindernisse aus dem Weg räumen, das muss zusammen erfolgen. Wir lehren das in unseren Seminaren. Aber darf ich bei dieser Gelegenheit schon ein paar Worte über die zusätzlichen *Schritte* sagen, die wir gehen, um Serving Leaders auszubilden?«

»Ich bitte darum!« Ich war ziemlich laut geworden. Meine Hand war vom Mitschreiben schon ganz verkrampft, aber mir war klar, dass ich auf einen wichtigen Punkt gestoßen war und dass ich auf keinen Fall aufhören würde, weiter nachzubohren!

»Wir bauen das Modell des Serving Leadership mithilfe von Vorlesungen, Seminaren und Übungen auf. Freiheraus gesagt nutze ich dabei das Leben und die Lehre Jesu als ein Modell.«

Ich war es nun, der – wie Martin Goldschmidt – die Augenbraue hochzog. Ein schneller Blick zu Martin zeigte mir, dass wir im Synchronrunzeln einen ersten Preis hätten gewinnen können.

»Abgesehen von den Seminaren führen wir auch etwas durch, das wir die ›wandelnde Besprechung‹ nennen. In regelmäßigen Abständen schauen wir unseren Führungskräften über die Schulter, holen bei ihren Kollegen Meinungen ein und lassen die Führungskräfte dann direkt wissen, wie ihr Verhalten im Vergleich zu den Verhaltensweisen echter Serving Leaders zu bewerten ist. Das ist mühevoll und kann manchmal auch schmerzhaft sein.

Und außerdem«, schloss Will seine Ausführungen, »ermutigen wir diese Männer und Frauen, sich einer – wie wir sie nennen – ›Fördergruppe‹ anzuschließen oder selbst eine zu gründen. In diesen Gruppen sind zuverlässige Kollegen, die einander beistehen, ihre Karriere- und persönlichen Ziele ausdauernd zu verfolgen.«

»Nicht unerwähnt sollte bleiben«, warf Goldschmidt ein, der mich mit seinem unerwarteten Beitrag zur Diskussion doch überraschte, »dass wir nur solche Führungskräfte unterrichten, die sich unserer Sache *wirklich* angeschlossen haben. Wir nehmen nur solche Kunden an, die sich ernsthaft dem Vorhaben verschrieben haben, zu Serving Leaders zu werden. Schüler, die nur mit halbem Herzen bei der Sache sind, sind unsere Sache nicht.«

Jetzt, wo ich Martins Kommentar hörte, fühlte ich doch wieder diesen Anflug von Kälte. Sie praktizieren eine strategische Auswahl, dachte ich, genau wie Stephen Cray bei BioWorks. Diese »lockere« Gruppe von Leuten ist so locker nun auch wieder nicht. Sie bauen auf dem Wissen und Können anderer Personen auf und machen sich deren Grundsätze zunutze. Trotzdem: Es gibt schon ein sehr dichtes Netzwerk, und ich spürte jetzt, dass mein Vater etwas Großartiges vorhatte.

Aber ich spürte diesen Anflug von Kälte wohl eher aus einem anderen Grund. Martin hatte gesagt, man nähme nur solche Klienten an, die sich mit ganzem Herzen der Sache verschrieben hatten. Und Ali hatte mir gestern dafür gedankt, dass ich mich Ihnen verschrieben hatte. Und hatte ich selbst nicht gesagt, ich wünschte mir bei meinen Untersuchungen einen größeren Bezug zur Praxis? Es handelte sich hier nicht bloß um einen weiteren Auftrag, das Ganze ging mich persönlich mehr an, als ich dachte. Die Frage war: War *ich* mit ganzem Herzen dabei?

»Mike«, sagte Will dann, »ich fürchte, dass Sie sich mit weiteren Fragen noch etwas gedulden müssen. Unsere Zeit ist um. Ich muss in einer halben Stunde einem dreizehnjährigen Jungen Unterricht geben und mich auf den Weg machen, um ihn abzuholen.«

Er muss mir die Frage, die ich ihm stellen wollte, im Gesicht abgelesen haben – und er beantwortete sie gleich: »Ja. Ich gehöre zum Team für die ›wandelnde Besprechung‹!« Er lächelte stolz und entschlossen.

»Martin wird Sie zurückbringen. Hier, nehmen Sie noch eine Kurzdarstellung mit, in der wir unser Konzept des Wegbahnens skizzieren.«

Ich dankte Dr. Turner, nahm seine Kurzdarstellung mit und ging mit Martin nach draußen.

Im Wagen sprachen Martin und ich noch ein paar Minuten über sein Verhältnis zu dem Ex-Bürgermeister. Dann forderte er mich auf, einen Blick in die Kurzdarstellung zu werfen, die Will mir gerade gegeben hatte. Ich las:

1. SERVING LEADERS BAUEN UNTERRICHTSINSTITUTIONEN AUF, UM AUF ALLEN EBENEN HERVORRAGENDE LEISTUNGEN HERVORZUBRINGEN.
2. FÜHRUNGSKRÄFTE, DIE UNTERRICHTEN, ZEIGEN STETS ÜBERZEUGENDE LEISTUNGEN – SIE LERNEN, SICH SELBST ZU PRÜFEN, IHR WISSEN UND KÖNNEN VERSTÄNDLICH ZU ARTIKULIEREN UND IHRE LEISTUNG STETIG ZU VERBESSERN.
3. SERVING LEADERS RÄUMEN HINDERNISSE AUS DEM WEG, DAMIT ANDERE VORWÄRTS KOMMEN KÖNNEN.

»Ich habe Sie gebeten, das zu lesen, Mike«, sagte Martin, als ich fertig war, »weil ich noch einen wichtigen Punkt hinzufügen möchte. Vielleicht den wichtigsten überhaupt. Ich bin bei dieser Sache nicht deswegen dabei, weil ich Unternehmen besser funktionieren lassen möchte; ich will das ganz offen heraus sagen. Eine Menge Unternehmen funktionieren vorzüglich, aber zur Entstehung einer besseren Welt tragen sie überhaupt nichts bei.

Ich aber möchte, dass Gemeinwesen ausgebaut und Lebensverhältnisse verbessert werden, dass Kinder lesen lernen, dass Prostituierte aus dem Teufelskreislauf von Drogen und finanzieller Abhängigkeit ausbrechen können und dass in unterentwickelten Stadtvierteln Arbeitsplätze geschaffen werden. Das ist das, was mir wichtig ist.«

Ich hörte schweigsam zu und nahm wahr, dass Martin aus tiefer Leidenschaft für seine Sache sprach. Nachdem er fast den ganzen Vormittag geschwiegen hatte, ahnte ich schon, dass seine seltenen Bemerkungen es durchaus wert waren, auf sie zu warten.

»In meiner Arbeitsgruppe an der Universität wird seit einigen Jahren eine breit angelegte Studie durchgeführt. Ich will Sie nicht mit Einzelheiten des methodischen Ansatzes und mit Statistiken langweilen, aber die Ergebnisse und die sich daraus ergebenden Folgerungen sind schon jetzt klar.«

Mein Stift war schon gezückt.

»Demnach ist es eine einfache Tatsache: Wenn man etwas unternehmen will, durch das das Leben eines anderen Menschen wirksam geändert werden kann, dann ist das Beste, was man tun kann, die Person, der man helfen will, selbst an dem Prozess teilhaben zu lassen. Wenn man nichts als passive Kunden hat – oder Angestellte oder Schüler oder Pfarrkinder oder was auch immer –, dann haben Sie nichts gewonnen.«

Ich sah ihn etwas spöttisch an und wartete darauf, dass er den Zusammenhang herstellte.

»Das Ergebnis der Untersuchungen ist eindeutig: Wenn arme Arbeiter dafür herangezogen werden, beim Bau von Häusern für sie selbst und für andere mitzuarbeiten, dann werden aus ihnen verantwortungsbewusste Hausbesitzer. Wenn eine Prostituierte, die an einem Rehabilitierungsprogramm und einem beruflichen

Qualifizierungsprogramm teilnimmt, in das Auswahlteam für andere Prostituierte einbezogen wird, dann wird diese Frau nicht mehr in ein Leben als Prostituierte zurückfallen. Wenn Anwohner, die Drogenschieber aus ihrem Viertel loswerden wollen, die Gelegenheit und die Ausbildung dafür bekommen, mit der Polizei bei der Vertreibung der Dealer zusammenzuarbeiten, dann bleibt der ganze Wohnblock sauber. Klare Tatsachen, Mike, sauber recherchiert.«

»Warum ist das so?«, fragte ich, mit einem prickelnden Gefühl, das mir über den Rücken lief, und mit einer Ahnung für die große Bedeutung, die seine Bemerkungen hatten.

»Weil Wohnen in Elendsquartieren, Prostitution, Analphabetentum und Drogen nicht das Kernproblem sind«, antwortete Martin hitzig. »Die Tatsache, dass menschliche Wesen nicht das Gefühl haben können, einer wirklichen *Gemeinschaft* anzugehören, ist des Pudels Kern! Und was passiert, wenn es die Möglichkeit gibt, dass jeder einer wahren Gemeinschaft angehören kann?«

Ich wartete gespannt.

»Jeder Einzelne spürt dann, dass er wichtig ist und eine Bedeutung für andere Menschen hat. Jeder gehört dazu. Die Führer ziehen andere mit nach vorn und sie erwarten Großes von jedem Einzelnen. Sie geben Wissen und Können weiter und räumen für andere Hindernisse aus dem Weg.«

Begeistert fuhr er fort: »Weder unseren Kunden Dienstleistungen zu erbringen, schafft Gemeinschaft, noch sie bloß auszubilden. Gemeinschaft entsteht erst, wenn *jeder Einzelne* die Ärmel hochkrempelt und an die Arbeit geht. Nur ein Serving Leader kann ein solches Wunder in Gang setzen und diesen Prozess verstärken!«

> Gemeinschaft entsteht erst, wenn *jeder Einzelne*
> die Ärmel hochkrempelt und an die Arbeit geht.

Ich muss schon sagen! Das war ein unglaublicher Tag. Ich werde über diese Bemerkungen noch eine ganze Zeit nachdenken. Auf was ich jetzt wirklich hoffe, das ist die Gelegenheit, mit eigenen Augen zu sehen und zu erfahren, worüber Will und Martin heute gesprochen haben. Ich möchte selbst an dieser Gemeinschaftserfahrung teilhaben, die sie beschrieben haben.

Als ich schließlich daheim war, blieb ich mit meinen Eltern zusammen, bis sie zu Bett gingen. Dann las ich mir die Notizen, die ich tagsüber gemacht hatte, nochmals durch. Ich hatte gerade mein Pyramidenmodell auf den neuesten Stand gebracht, als Ali vorbeikam. Er wollte hören, wie mein Tag verlaufen war, und wir gegen auf die Veranda, um zu reden. Ali war wieder in seine Lehrerrolle geschlüpft, die ich – bei allen Kabbeleien – wirklich schätze.

»Fassen Sie für mich zusammen«, sagte er, nachdem ich ihm berichtet hatte. »Was konnten Sie Ihrer Skizze hinzufügen?«

»All diese Serving Leaders sind auffallend gute Lehrer«, begann ich. »Sie geben ihren Anhängern zielgerichtete Ratschläge, was sie zu machen und wie sie es zu machen haben – immer auf der Basis ihrer eigenen Erfahrungen, die sie mit den gleichen Herangehensweisen gemacht haben. Ihr Unterricht ist glaubwürdig, weil sie vorleben, was sie lehren. Wills Ausdruck dafür ist die ›wandelnde Besprechung‹.«

»Das ist gut«, sagte Ali. »Aber reicht es aus, Leuten zu vermitteln, was sie zu tun haben, und dann zurückzustehen und zu hoffen, dass sie es schaffen?«

Ich zog meine auf den neuesten Stand gebrachte Pyramide hervor – die sich von einer Serviettenkritzelei zu einer sauberen Zeichnung entwickelt hatte – und erzählte ihm von Wills Verwendung des Begriffs »den Weg bahnen«.

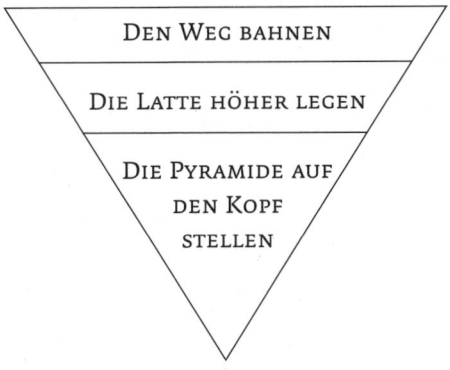

»Wer den Weg bahnt, tut mehr als nur zu unterrichten«, fuhr ich fort. »Er räumt den Leuten, denen er dient, Hindernisse aus dem Weg.« Es fing tatsächlich langsam an, sich eins ins andere zu fügen und mir einzuleuchten. »Sie kümmern sich nicht um den Amtsschimmel«, fuhr ich fort. Ich ging ganz in meiner Rolle auf. »Sie fegen alle unsinnigen Vorschriften, Taktiken und Barrieren hinweg, die den Menschen den Zugang zum Erfolg versperren könnten. Ihr Erfolg liegt darin, den Weg für andere frei zu machen.« (Ja, ich bemerkte den Widerspruch – und fügte ihn meiner länger werdenden Liste ein!)

»Der Serving Leader ist ein Bahnbrecher«, folgerte ich, jetzt voll in meinem Element. »Alle Führungsebenen in einer Organisation machen den Weg frei für ihre Teams, vermitteln Wissen und räumen Hindernisse aus dem Weg, und dann machen es die Teammitglieder genauso für ihre eigenen Teams. Rums! Und schon hat man genügend Bewegungsspielraum für eine ganze Kompanie, um auf der Erfolgsspur Dampf zu machen!«

Ali war mehr als zufrieden. Er verbrachte die nächsten 45 Minuten damit, mir zu sagen, wie sehr er zufrieden war, und – ich sage es einfach, wie es war – geradezu überzufließen vor lauter Zustimmung. Wenn meine Mutter noch wach gewesen wäre und das mit angehört hätte – sie hätte mich davor gewarnt, dass gleich mein Kopf vor Stolz platzen würde. Aber keine Angst! Es ist mein Herz, das immer weiter wird.

Nachdem Ali gegangen war, zu recht später Stunde, musste ich noch einmal an das Bild denken, das meinen Vater zeigte, wie er jenes 100-Meter-Rennen gewann. Das stimmte mich nachdenklich. Es liegt ein Zug schmerzlicher Ironie über dem Führungsstil meines Vaters. Er ist wirklich *der* Experte für die Idee der Serving Leadership. Und dennoch: Sein Sohn kann nicht dran glauben, dass er jemals für sich selbst Nutzen daraus gezogen hat.

Ich war immer davon überzeugt, dass Papa einen unerreichbaren Maßstab für seine Führungskräfte gesetzt hatte. Ich jedenfalls wusste nicht, wie ich ihn hätte erreichen können, das ist sicher. Und selbst wenn ich diesen Standard erreichen könnte, würde ich niemals imstande sein, ihn – den Vater – zu erreichen. Ich durfte nicht hoffen, die unüberbrückbare Kluft zwischen ihm und mir zu überwinden. So fühlte ich mich – ich konnte sein Niveau einfach nicht erreichen. Ich durfte nicht einmal davon träumen, so zu sein wie er. Ganz unten, da gab es keine Hoffnung. Warum sollte ich es also überhaupt probieren?

In Wirklichkeit aber ist mein Vater alles andere als perfekt, und ich bin sicher, dass er sich dessen überaus bewusst, vielleicht schmerzlich bewusst ist.

Aber wenn er auch nicht perfekt ist, sollte man doch auch an das unendlich viel Gute denken, das er freigesetzt hat.

In der Vergangenheit war ich oft schrecklich wütend darüber. Es bestand keinerlei Hoffnung darauf, dass Vater jemals meine Partei ergriffen hätte – ich konnte es einfach nicht schaffen, seine Zustimmung zu erhalten –, und die ganze Zeit über ergriff er für irgendjemand anderen Partei! Er ging los und räumte für *andere* Menschen die Bahn frei und räumte *ihre* Hindernisse aus dem Weg. Nur für mich tat er es nie. Ehrlich gesagt, war er auch gar nicht oft genug da, um überhaupt zu wissen, was meine Hindernisse sein könnten.

Aber wie denke ich jetzt darüber? Nun ja, ich fühle mich, ja, voller Hoffnung. Es könnte ja auch so sein: Mein Vater ist nicht perfekt, und dennoch hat er unglaublich viel Gutes getan. Und ich bin nicht perfekt. Vielleicht gilt doch: wie der Vater, so der Sohn.

Papa hat sich für eine Strahlentherapie entschieden. Ich packte meine eigenen Pläne erst mal für einige Zeit weg. Ich hatte zu Ali gesagt, dass ich mehr praktische Erfahrung sammeln wollte, oder hatte ich das etwa nicht? Also: Wo genau plante ich eigentlich zu suchen?

Ein zerstörtes Gleis in Stand setzen

Charlie rief heute an. Er wollte wissen, wie es mit meinem Projekt vorangeht. Dabei schließt er sich alle paar Tage mit Vater kurz und weiß deswegen ganz genau, dass mein Projekt nicht vom Fleck kommt. Das heißt, dass mein Philadelphia-Projekt nicht vom Fleck kommt.

Was das tiefer gehende Projekt angeht, nämlich das Projekt zwischen mir und Papa, hat sich hingegen sehr viel ereignet.

Seit drei Wochen bin ich jetzt schon hier bei Mutter und Vater. Seine Bestrahlungen gingen heute zu Ende. Drei Wochen täglicher Fahrten zur Uniklinik Pennsylvania, jeden Tag neue Aufnahmen und danach jedes Mal eine Stunde Einrichten – nur zur Vorbereitung auf die paar Sekunden Bestrahlung täglich. Die Bilder sehen jetzt etwas besser aus. Aber Papa ist, ehrlich gesagt, noch schwächer geworden. Wenigstens isst er jetzt wieder etwas besser, und Mama und ich sind froh darüber.

Ich glaube, dass ich gar nicht so sehr überrascht war, von Charlie zu hören. So sehr er auch um die Tatsache weiß, dass ich durch eine schwierige Zeit mit meinem Vater hindurch muss, versteht er doch nicht wirklich, was ich durchmache. Er ist mein Chef, und er erwartet von mir, dass ich ihm stets etwas liefere. Ich denke, dass er schon dabei ist, die Geduld zu verlieren. Ich verstehe inzwischen Charlies Haltung, sich meinem Vater verpflichtet zu fühlen, etwas besser. Vater hat ihn gebeten, dies oder das zu tun, und deswegen tut er's. Aber ich glaube zu spüren, dass der Tag nicht mehr allzu fern ist, an dem Charlie genug erfahren haben wird. So sei es also!

Ich selbst bin überrascht über das, was ich hier in Philly von all den vielen Menschen erfahren habe, besonders von meinen neuen Freunden. *Neue* Freunde! Das klingt fast so, als hätte ich jede Menge alter, wobei ich mir erst jetzt darüber klar werde, dass ich sie in Wirklichkeit gar nicht hatte.

Dr. Turner ist fast jeden Tag vorbeigekommen, um nach mir und Vater zu sehen. Ali hat mich mehrfach kurz besucht und häufig angerufen. Sowohl Papa als auch ich haben jede Menge Karten und Briefchen bekommen, und Stephen Cray hat Blumen geschickt. Sogar Martin und Dorothy sind – zu meiner Überraschung – vorbeigekommen. Und – höchst interessant! – Anna Park hat mich ein paar Mal angerufen, um nachzufragen, was ich so mache und wie's mir geht. Ihre Anrufe haben mich am meisten gefreut, diese liebenswerten Gesten, die man nicht unbedingt erwarten darf.

Und *keiner* von allen hat nach meiner Untersuchung gefragt. Sie wollten nichts als liebenswürdig, freundlich und nett zu mir sein. Es rührt mich zu Tränen, wenn ich daran denke, etwas, was mir, ehrlich gesagt, in letzter Zeit des Öfteren passiert.

Mein Tagebuch habe ich also drei Wochen lang völlig vernachlässigt. Eigentlich bin ich mir gar nicht mehr sicher, ob es außer für mich für irgendjemanden oder irgendetwas von Wert ist. Es ist sehr persönlich geworden – zu persönlich, glaube ich, um dem Vorhaben zu dienen, das Charlie ursprünglich im Sinn hatte.

Ehe noch mehr Zeit verstreicht, will ich versuchen, das festzuhalten, was sich zwischen Vater und mir ereignet hat – und was mich rund um die Uhr innerlich beschäftigt.

Während der ersten mit Vater verbrachten Tage – zwischen seinen Behandlungsterminen, zu denen ich ihn begleitete, und meinen Bemühungen, ihm und Mutter zuhause zu helfen – versuchte ich, einen Teil meiner Zeit darauf zu verwenden, meine Notizen zu ordnen. Es war schon eine Menge Stoff zusammengekommen, den ich gedanklich erst noch verarbeiten musste, aber irgendwie kam ich damit nicht weiter. Schließlich beschloss ich, es erst mal sein zu lassen. Stattdessen nahm ich mir vor, mich noch mehr um Papa zu kümmern. Anfangs war uns beiden dabei noch recht unbehaglich zumute. Wir waren einfach nicht daran gewöhnt, so viel Zeit miteinander zu verbringen, und Vater war überdies peinlich davon berührt, wie schwach und abhängig er schon geworden war. Für ihn muss das besonders irritierend gewesen sein, hatte er doch sein Leben lang immer die Rolle eines Mannes innegehabt, der das Sagen hat, des Mannes an der Spitze.

Für mein Unbehagen, das ich während des Zusammenseins empfand, schäme ich mich jetzt. Zeit meines Lebens hatte ich mir gewünscht, meinem Vater näher zu sein. Aber die traurige Wahrheit ist, dass diese jetzt gewonnene Nähe mir nicht leicht fällt. Noch mehr Wahrheiten: Ich glaube sogar, dass ich niemals gut darin war, jemandem nahe zu sein. Als Susan mich vor zehn Jahren verließ, habe ich nicht begriffen, was ihr Problem war. Und ich war der Meinung, dass es *ihr* Problem war. Zum ersten Mal seit diesem schrecklichen Erlebnis kommen mir jetzt Zweifel daran. »Ich fühle es einfach, dass ich nicht an dich rankommen kann«, hatte sie immer wieder gesagt. Und ich habe das nicht zur Kenntnis genommen. Das schmerzt und beschämt mich; sie wollte mir so nahe sein.

Hier und heute bin ich trotzdem auch ein wenig stolz auf mich. Unbehagen oder nicht: Ich habe mir einen Ruck gegeben, mich auch um Vaters medizinische Betreuung zu kümmern, und dabei habe ich ein Gefühl der Zufriedenheit entwickelt, das immer mehr zunimmt. Ich helfe ihm beim Gehen, ich füttere ihn, wenn er nicht selber essen kann, und ich halte sein Zimmer sauber. Vor kurzem habe ich auch angefangen, ihm beim Rasieren zu helfen. Ich spüre, dass ich ihm nützlich bin. Das ist ein gutes Gefühl. Nachdem wir so viele Tage so nahe miteinander verbracht haben, haben wir angefangen, wirklich miteinander zu reden. Wie ich schon erwähnte, habe ich oft geweint, vor allem, wenn ich nach einem mit Papa verbrachten Tag wieder allein in meinem Zimmer saß. Tief gehende Gefühle, die ich mir eine so lange Zeit nicht gestattet hatte, haben sich schließlich Bahn gebrochen.

An einem Morgen in der letzten Woche haben Vater und ich eine lange und schwierige Diskussion über meine Kindheit und Jugendzeit geführt. Es dauerte nicht lange, da lagen sämtliche Fotoalben mit Familienbildern auf seinem Bett. Es war wunderbar. Draußen regnete es so stark, dass das Trommeln des Regens auf unserem Dach bis zur Lautstärke eines Wasserfalls anschwoll. Noch ein Wasserfall der Güte.

»Erinnerst du dich daran, als wir noch den alten Volkswagen-Campingbus hatten und du eine weitere Liege eingebaut hast, damit wir auf unseren Fahrten auch einen Freund mitnehmen konnten?«

»Natürlich erinnere ich mich daran, Mike.«

»Eine der schönsten Erinnerungen an meine Jugend ist, wenn du mit mir nach draußen gegangen bist und wir im VW schliefen, direkt in unserer Auffahrt.« Papas Augen wurden feucht, und er hatte ein dankbares Lächeln im Gesicht. »Das war eine so schöne Zeit. Wir haben uns wirklich miteinander unterhalten. So ähnlich ist es auch jetzt«, fügte ich hinzu.

»Ich bin so froh, dass du nach Hause gekommen bist, mein Sohn«, antwortete Vater. »Und ich freue mich, dass wir jetzt diese Zeit miteinander haben, um wieder miteinander zu reden.«

»Später, wenn du dich mal wieder etwas besser fühlst, möchte ich all diese Bilder von dir und Mama durchgehen, und du musst mir alle Geschichten von damals erzählen, die es dazu gibt. Ich möchte auf der Rückseite jedes Bildes eine kleine Notiz machen.«

»Eine gute Idee«, sagte Papa, aber es klang ein wenig so, als hätte er Zweifel. »Aber hast du nicht selbst gesagt, dass aus ›später‹ ein ›Früher‹ werden muss? Ich glaube, dass es sogar sehr viel früher werden muss.«

Ich blickte auf und schaute ihm in die Augen. Wir sahen uns nur an und schwiegen.

»Mike«, hub er wieder an und räusperte sich. »Ich möchte dir eine Frage stellen, die mir schon seit vielen Jahren im Kopf herumgeht.« Er machte eine nachdenkliche Pause, ehe er fortfuhr. »Mit welchen Erinnerungen und Gefühlen denkst du an deine Kindheit hier in Philly zurück?«

»Nun ja«, stammelte ich, während ich noch überlegte, was ich ihm antworten sollte. »Es sind meist glückliche Erinnerungen, Papa«, versuchte ich es zögernd.

»Aber manchmal warst du auch traurig, oder?«

Ich nickte.

»Ich wünsche von ganzem Herzen, dass wir uns mehr Zeit genommen hätten, so wie jetzt. Zeit für einander. Ich habe dir nicht das gegeben, was ein Sohn von seinem Vater braucht.«

»Ich war immer stolz auf dich«, protestierte ich. »Du warst eindeutig der Held meiner Kindheit. Du hast mir immer so tolle Spielsachen gekauft«, fügte ich etwas lahm hinzu. Ich saß einen Moment lang still da und überlegte, ob ich ihm sagen sollte, was ich wirklich fühlte. Ich kam zu dem Schluss, dass es jetzt sein musste – oder nie. »Aber um mal ganz ehrlich zu sein, Papa«, sagte ich ganz ruhig und mit möglichst großer Zurückhaltung in der Stimme, »ich hätte natürlich lieber gehabt, mehr von dir zu haben.«

Vater war einen Augenblick still, verdaute meinen Kommentar.

»Ich verdiene das«, sagte er mit einem tiefen Seufzer. Das Kinn fiel ihm noch ein bisschen tiefer auf die Brust. »Es war wirklich an der Zeit, mit dir darüber zu sprechen.« Er griff zu mir herüber und berührte mich am Arm, vielleicht um seinen Worten Nachdruck zu verleihen, und er sah mich an. »Ich bereue es zutiefst, Mike. Ich war kein perfekter Vater. Nicht einmal entfernt. Ich glaube sogar, dass ich dir diese Sachen nur gekauft habe, um mein Schuldgefühl darüber zu beschwichtigen, dass ich mir kaum Zeit für dich genommen habe. Ich habe zwar gemerkt, wenn du Schwierigkeiten und Probleme hattest, aber ich habe mich immer mit der Hoffnung zufrieden gegeben, deine Mutter würde das schon in Ordnung bringen. Manchmal habe ich versucht, dir gute Ratschläge zu geben – so wie ein Trainer –, aber ich habe dir kaum zugehört. Ich glaube, dass ich meine Pflichten als Vater an deine Mutter abgetreten habe, und ich weiß jetzt, dass das nicht funktioniert hat.«

Er schöpfte Atem und fragte dann voller Hoffnung: »Kannst du dich noch an die Michael-Geschichten erinnern, die ich dir immer erzählte?«

»Natürlich erinnere ich mich daran. Du hast sie immer begonnen mit ›Es war einmal ein Junge namens Mike‹, und dann hast du eine Sinngeschichte erzählt, zum Beispiel dass man von Fremden fernbleiben soll oder wie man auf sich aufpassen soll. Ich liebte diese Geschichten.«

»Na ja, das war – glaube ich – mein Versuch, dir väterliche Ratschläge zu erteilen. Aber so richtig unterhalten über das, was vorging und was dir wirklich zu schaffen machte, habe ich mich mit dir nie. Ich bedauere das zutiefst. Der eigentliche Grund, warum ich dich gebeten habe, nach Hause zu kommen und mit mir an diesen Projekten zu arbeiten, war, dass ich mit dir endlich mal über alles reden wollte. Ich muss dich etwas Wichtiges fragen.«
Papa setzte sich im Bett kerzengerade auf.

Ich saß ganz still da und wartete – ich hatte keine Vorstellung davon, was ich nun zu hören bekäme.

»Kannst du mir all die langen Zeiten, in denen ich für dich nicht da war, verzeihen, kannst du mir vergeben?« Papas Augen flossen vor Tränen über. Er war zutiefst bekümmert.

»Ach, Papa«, heulte ich beinahe. »Natürlich vergebe ich dir. Du warst großartig!«

»Nein, mach dir und mir nichts vor! Das war ich nicht!«

Ich wollte uns nichts vormachen: Ja, als Kind fühlte ich mich in Stich gelassen, aber alles, was ich in diesem Augenblick spürte, war die Überzeugung, dass mein Vater großartig war. Dass ich schreckliches Glück hatte, ihn zum Vater zu haben. Ihn noch zu haben.

Ich nahm ihn in die Arme, und für einen langen Augenblick drückten wir uns mit aller Kraft. Unsere Hemden waren feucht von den Tränen des anderen.

»Deine Kraft hast du jedenfalls noch nicht verloren«, sagte ich spielerisch. »Du hast mir fast das Rückgrat gebrochen.«

Er ließ ein, glaube ich, dankbares Schniefen und Schnauben hören, dankbar für die wieder etwas lockerere Stimmung. Und doch konnte man ihm vom Gesicht ablesen, dass er noch lange nicht fertig war mit dem, was er zu sagen hatte.

»Ich bin wirklich stolz auf dich, Vater«, machte ich weiter. »Ich war stolz auf deinen Erfolg im Beruf, und noch größeren Stolz empfinde ich über das, was du jetzt machst. Du bist dabei, in dieser Stadt etwas zu verändern, und es bedeutet mir unendlich viel, dass du mich dabeihaben willst.«

Vater antwortete bedächtig. »Das ist das zweite Thema, über das ich mit dir reden wollte. Ich fühle mich wohl dabei, dass wir hier mit unserem Serving Leadership einiges verändern. Andererseits verspüre ich dadurch auch eine gewisse Last.«

Ich war etwas verwirrt, und es muss mir gut gelungen sein, das auch zu zeigen.

»Nicht wegen der Arbeit in der Stadt«, erklärte er schnell. »meine innere Belastung kommt daher, dass ich jetzt erkenne, wie groß die Kluft zwischen meinem Leben in der Öffentlichkeit und meinem Familienleben ist.«

Jetzt verstand ich, und ich muss sagen, dass ich meinen Vater niemals mehr geliebt habe als gerade jetzt.

»Ich propagiere die Idee des Serving Leadership, aber dir und Mutter habe ich niemals wirklich gedient! Wirklich nicht! Ich bin rausgegangen auf die große Bühne und habe all diese Werte und Vorzüge vertreten, während ich die ganze Zeit dort, wo es wirklich drauf ankam, alles versiebt habe. Je mehr ich dafür arbeite, anderen in dieser Stadt zu dienen, desto mehr kann ich an nichts anderes mehr denken als an all die Fußballspiele, die ich verpasst habe, oder an die Eisenbahnanlage im Keller, die wir nie fertig gebaut haben, oder an die hundert anderen Dinge, von denen ich nicht mal was wusste. Ich komme mir vor wie der schlimmste Pharisäer.« Zum Schluss klangen seine Worte wie ein inständiges Flehen, seine Stimme war kaum noch ein Flüstern.

In diesem Moment lösten sich für mich die Missverständnisse eines ganzen Lebens auf. Papa war immer stolz auf mich gewesen! Papa hatte immer mit mir zusammen sein wollen! Immer wenn ich bei ihm keine Anerkennung finden konnte, immer wenn ich in der Hoffnung zu ihm aufschaute, einen zustimmenden Blick zu erhaschen, und immer wenn er einfach wegschaute, tat er das nicht, weil er sich seines Sohnes schämte – sondern weil er sich *seiner selbst* wegen schämte. Ich verspürte eine unendliche Erleichterung. Mein Vater hat sich mit genau den gleichen Gefühlen herumgeschlagen wie ich selbst.

»Schau mich an, Papa«, sagte ich, selbst überrascht von meiner Bestimmtheit. Vaters Beichte ließ mich wie ein Mann fühlen, nicht wie ein allein gelassener und hoffnungsloser Junge. »Ich vergebe dir«, sagte ich emphatisch, liebevoll. »Aber ich versichere dir, dass du Vergebung gar nicht nötig hast, weil ich keinen einzigen Vorwurf gegen dich hege. Ich will, dass dir das vollkommen klar ist: Ich vergebe dir ganz und gar!«

Vater blickte mich an. Aus seinen Augen leuchteten Frieden und Zufriedenheit. Er atmete tief durch und schaute mich nur immerzu an.

»Danke, mein Sohn«, sagte er einfach.

Ich kann es nicht in Worten ausdrücken, wie gut es tat, ihn mich so anschauen zu sehen und dass er so ehrlich mit mir sprach. Wie zufrieden er mit mir war.

Jetzt seufzte ich, ich verinnerlichte, was geschehen war und legte mir meine Worte zurecht.

»Ich will dir ebenfalls etwas beichten.«

Papa war überhaupt nicht mehr bedrückt oder niedergeschlagen. Sein Blick war offen und sein gütiger Gesichtsausdruck machte klar, dass er alles freundlich aufnehmen würde, was auch immer ich ihm zu sagen hatte.

»Für einige der schönen Sachen, die du und Mama mir damals gekauft haben, war ich nicht nur undankbar – ich habe sie vorsätzlich kaputt gemacht. Von allen Jungs in der ganzen Nachbarschaft hatte ich den neuesten und schönsten Waggon für meine Modelleisenbahn, und ich schlug die Räder ab, ich zerstörte ihn.«

Papa lächelte. Er schien froh darüber zu sein, dass er endlich die Wahrheit erfuhr.

»Ich habe diese Räder und auch das, was von dem Waggon noch übrig war, damals gefunden und konnte mir keinen Reim darauf machen.«

»Es steckten Gefühle hinter dem, was ich tat, Papa.«

Er nickte. Natürlich waren es Gefühle.

»Und der große Modellbahn-Grundkasten, den du für mich gekauft hast, und der mein Ein und Alles war! Wenn ich wütend auf dich war, begann ich wieder etwas kaputt zu machen. Ich liebte die Modelleisenbahn, aber noch lieber hatte ich, dass wir zu zweit daran bauten oder spielten. Und wenn du wieder mal nicht da warst, dann ging ich runter in den Keller und ließ meine Wut an diesen Zügen aus. Ich war auf dich wütend, und ich habe es dir kein einziges Mal gesagt. Ich war niemals wirklich fair, ich verbarg meine Gefühle vor dir.«

Ich hatte den Wunsch, alles loszuwerden, und fuhr fort. »Ich habe noch viel mehr zerbrochen. Auch als Erwachsener bin ich mit meinen Gefühlen nicht so ganz offen und ehrlich umgegangen. Ich habe auch niemals deine Hilfe erbeten, auch wenn ich sie dringend gebraucht hätte. Ich weiß, du und Mutter waren schrecklich enttäuscht über meine gescheiterte Ehe, aber ich hielt euch auf Distanz.

Ich kam mir einfach wie ein Versager vor – so als hätte ich ein Stigma an mir. Das war auch die Zeit, in der ich aufhörte, in die Kirche zu gehen. Ich gehörte da nicht hin. Ich fühlte mich so, als gehörte ich überhaupt nirgendwo mehr hin, um ehrlich zu sein.«

Jetzt brach ich in Tränen aus.

»Es tut mir so Leid, Mike.«

»Eigentlich bin ich dran, zu sagen, es täte mir Leid«, platzte ich heraus, lachend und weinend zugleich. »Und es tut mir wirklich Leid, Papa.«

»Mike, uns ist das Herz gebrochen, als deine Ehe gescheitert war. Wir lieben dich so sehr und wollten dir stets zur Seite stehen. Auch die Kirche wollte nur das. Keiner von uns ist vollkommen.«

Vater und ich sprachen an diesem Abend noch lange über verletzte Gefühle und verpasste Gelegenheiten. Für mich war das ein großer Durchbruch. Ich fing an zu begreifen, dass ich mein Leben so organisiert hatte, dass ich mich vor Kränkungen schützen konnte; ich hatte andere Menschen abgestoßen, sie nicht zu nah an mich herangelassen, aus Furcht, sie könnten mich verletzen. Das Beisammensein mit meinem Vater an diesem Tag und diese vollkommen ehrliche Aussprache zeigten mir, dass ich meine Beziehungen zu anderen Menschen unbedingt verändern musste.

Spät am Abend, nachdem Vater zu Bett gegangen war, führte ich die ersten Telefonate, um mit jenen Menschen ins Reine zu kommen, die ich verlassen hatte oder die ich verletzt, beleidigt oder belogen hatte. Mein erster Anruf galt Susan. Zunächst klang sie richtig besorgt, doch dann verstand sie, um was es mir ging. Wir weinten und lachten, und sie erzählte mir, dass sie glücklich sei, wie sehr sie ihre Kinder liebe und dass sie eine gute Ehe führe. Ich wünschte ihr viel Glück, und das meinte ich ganz ehrlich. Und auch sie wünschte mir alles Gute. Wehmütig legte ich auf. Und richtig erleichtert.

Ich machte noch ein paar andere Anrufe an diesem Abend und war zugleich überrascht und dankbar hinsichtlich der Reaktionen. Eine schwere Last war mir von der Seele genommen.

Während unserer ersten Tasse Kaffee am nächsten Morgen erzählte ich Papa von diesen Telefonaten.

»Ich habe dir zu danken, Vater. Du hast den ersten Schritt gemacht, um unser gutes Verhältnis wieder herzustellen, ich wäre dazu nicht imstande gewesen. Ich hätte gar nicht gewusst, wie ich anfangen soll.« Ich ließ ihn das erst mal verdauen. Dann lächelte ich. »So hast du es also geschafft, all die Güte, für die du in ganz Philadelphia gesorgt hast, auch wieder direkt in deine Familie zu bringen. Das nenne ich wahres Serving Leadership, Paps. Wenigstens habe ich jetzt die Idee ganz verstanden.«

Er schüttelte nur den Kopf. Es gefiel mir wirklich, wie er mich ansah.

»Erinnerst du dich noch an unseren Ausflug mit der Eisenbahn?«, fragte er, um das Thema zu wechseln.

»Ich war begeistert davon«, rief ich aus, »vor allem deswegen, weil wir über Nacht unterwegs waren und weil wir den Schlafwagen benutzten. Es ist eine der ganz wenigen Situationen, an die ich mich erinnere, bei denen wir wirklich miteinander redeten.«

»Erinnerst du dich auch noch an die Pläne, die wir schmiedeten, während wir aus dem Fenster schauten?«

»Ja, wir wollten unsere neue Eisenbahnanlage im Keller aufbauen«, antwortete ich. Ich wurde wieder gewahr, wie viel wir versäumt und verloren hatten.

»Naja. Wenn du mir hilfst, die Treppe runter zu kommen, dann habe ich was, das ich dir zeigen möchte.« Ich machte die Tür auf und half Vater ins Untergeschoss. Und da stand, aufgebaut wie eine kleine Stadt, eine Kopie meiner elektrischen Eisenbahn von damals. Ich fühlte mich wie in einer Zeitschleife zurückversetzt. Es sah alles vollkommen aus, perfekt, wie in den Tagen, in denen wir gemeinsam daran gearbeitet hatten.

»Papa, was ist das denn? Du hast eine gefunden, die ganz genau so aussieht wie meine alte Lionel-Anlage?«

»Ganz und gar nicht«, strahlte Vater. »Es ist das Original! Ich habe mir seit einigen Jahren schon ausgemalt, wie es sein würde, wenn wir beide wieder wie einst miteinander verbunden wären. Ich schäme mich, dass so viel passieren musste, bis dies wirklich geschehen konnte. Aber das spielt jetzt keine Rolle mehr, oder?«

Ich schüttelte den Kopf. Es spielte keine Rolle mehr.

»Ja, ich habe viel Zeit hier unten verbracht – nicht in den letzten Wochen, natürlich –, um die Anlage wiederherzustellen. Ich befestigte die Schienen, reparierte einige der Gebäude, kaufte einige Teile neu und baute alles wieder zusammen. Diesen alten Zug Abend für Abend zusammenzuflicken, das half mir, vieles zu durchdenken. Es muss immer noch ein bisschen repariert werden, bis wir den Schalter wieder umlegen können und der Zug wirklich fährt, und ich *hatte* immer gehofft, dass wir das gemeinsam tun könnten.«

»Ich werde zu Ende führen, was du begonnen hast, Vater«, sagte ich. »Du kannst auf mich zählen.«

Die nächste Aufgabe: Stärken aufbauen

Wieder ist eine Woche seit meinen letzten Eintragungen ins Land gegangen. Vater hat, was Energie und Appetit betrifft, einen richtigen Schub gemacht. Er ist regelrecht darauf erpicht, dass wir beide uns wieder mit dem Serving-Leader-Projekt befassen. Mutter, Vater und natürlich auch ich, wir wissen nur allzu gut, dass dieser Schub nur vorübergehend ist, dass er sogar sehr kurz andauern kann. Wir wollen so viel wie möglich daraus machen.

Gestern habe ich mit ihm alles durchgesehen, was ich bisher erarbeitet habe. Ich zeigte ihm das Tagebuch und diskutierte ausführlich mit ihm über alles, was ich bisher gelernt habe. Ich beobachtete ihn ganz genau, während er las – sah sein Schmunzeln, sein Nicken, und manchmal brach er auch in schallendes Gelächter aus. Für einige Momente konnte ich gar nicht genug von seinem Anblick bekommen, als er zu lesen aufhörte und mich mit tränennassen Augen ansah.

»Das ist wirklich gut«, sagte er einfach. In seinem Gesicht konnte ich all das lesen, was man sich als Sohn wünscht.

Wir sprachen auch darüber, dass mein Tagebuch so sehr persönlich geworden war. Vater sagte, das sei seiner Meinung nach gerade das Beste daran.

»Wenn es nicht persönlich geworden wäre«, rief er aus, »dann wäre es nichts wert!«

Dieses eindeutige Urteil überraschte mich. Er hatte sich sehr klar ausgedrückt.

»Du hast festgehalten, was Martin über die Bedeutung gesagt hat, anderen Menschen zu helfen«, erklärte Vater. »Ich habe die Erfahrung gemacht, dass das auf jeden zutrifft, auf Kinder von Gefängnisinsassen genauso wie auf Vorstandsvorsitzende. Wenn wir nicht mehr einbrächten als nur Dienstleistungen oder neue Erkenntnisse, dann würden wir lediglich dieses ermüdende altvertraute Spiel weiterspielen, das uns allen so wohlbekannt ist. Alle müssen ihren Beitrag leisten. Es muss *persönlich* werden. *Jeder* muss die Früchte dieser Arbeit noch in diesem Leben ernten.«

Lächelnd machte er weiter: »Wir spielen jetzt in derselben Mannschaft. Dieses Tagebuch verwebt das alles miteinander, dich eingeschlossen. Nichts könnte mich zufriedener stellen.«

Das gilt auch für mich: Nichts könnte mir mehr Zufriedenheit verschaffen. Ich bin im Team meines Vaters!

»Aber du bist noch nicht fertig damit«, sagte er nüchtern. »Einige wichtige Gesichtspunkte fehlen noch in der Geschichte.«

Ich wartete, während er offenbar seine Gedanken ordnete.

»Alle Partner, die wir einbezogen haben, Mike – die Polizei, die Führungskräfte aus Unternehmen, die Pfarrer –, müssen miteinander verknüpft werden, weil jeder eine bestimmte Stärke einbringt, die von den anderen gebraucht wird. Isolierte Größe, sei es nun in der Polizeibehörde, einem florierenden Unternehmen oder einer wachsenden Gemeinde, ist nur Größe an sich. Wir müssen erreichen, dass unsere Gemeinden als Ganzes wiederbelebt werden. Wir leisten diese Arbeit, um für unsere ganze Stadt ein Ergebnis zu erzielen, das man nur erreichen kann, wenn man alle Kräfte bündelt und in den Dienst des Ganzen, der Gemeinschaft, stellt.«

Papa blätterte zurück zu meinen Pyramidenskizzen und las nochmals meine Begriffe: »Die Pyramide auf den Kopf stellen«, »Die Latte höher legen« und »Den Weg bahnen«.

»Du solltest dich mal mit der großartigen Leistung von John Kretzmann und John McKnight in Chicago befassen. Martin hat mit diesen Leuten viel Zeit verbracht, weil er wissen wollte, wie man die Stärken eines Gemeinwesens entwickelt.«

Er zog das entsprechende Buch über ihre Arbeit aus dem Bücherregal, und wir brachten die nächste Stunde damit zu, es durchzublättern, während Vater erklärte, wie das Denkmuster des Serving Leadership die ganze Gesellschaft umfassen könnte.

»Ich habe noch einen Widerspruch für dich«, sagte er schließlich. »Du hast gelernt, dass der beste Weg zur eigenen Entwicklung darin besteht, an seinen Schwächen zu arbeiten. Es zeigt sich aber, dass genau das Gegenteil richtig ist.«

Ich runzelte staunend die Stirn. Ich hatte seit Jahrzehnten an meinen Schwächen gearbeitet. Also gut, es mag ja sein, dass diese ganzen Bemühungen wirklich nicht viel gebracht haben.

»Paradoxerweise«, fuhr Vater fort, »kommt man weiter, wenn man seine Aufmerksamkeit nicht den Schwächen zuwendet. Es ist weit ergiebiger, wenn man den Schwerpunkt auf die Stärken legt.«

»Das klingt unverantwortlich«, witzelte ich. Aber eigentlich klang es, wenn man einen Moment drüber nachdachte, ganz gut. Aber ganz richtig klang es trotzdem nicht.

»Die Aufgabe der Serving Leaders ist es, jedem im Team und in den Organisationen und Gemeinden zu verdeutlichen, wie wichtig es ist, ihre jeweiligen Stärken auszuspielen. Wenn Menschen ihr Leben tagtäglich auf die Entwicklung ihrer Stärken ausrichten, dann sind sie produktiver und, offen gesagt, auch glücklicher.«

»Aha«, sagte ich etwas affektiert. »Du willst also sagen, dass sie ihre schwachen Seiten verleugnen sollen?« War das nicht das, was ich immer gemacht hatte? Und war es nicht auch das, was mich in Schwierigkeiten gebracht hatte?

»So tun, als habe man keine Schwächen?« Vater lachte. »Nein, darum geht es mir nicht. Wer sollte das einem auch abnehmen? Nein, Mike. Der Punkt ist, dass es dumm wäre, seine ganze wertvolle Energie darauf zu verschwenden, Schwächen in Mittelmäßigkeit zu verwandeln!«

Nun gut, so fängt das Ganze an, einen Sinn zu bekommen.

»Der bessere Ansatz ist es, ein Team zusammenzustellen, in dem die individuellen Stärken die individuellen Schwächen aufheben. Ein hochleistungsfähiges Team muss mit der allergrößten Sorgfalt zusammengestellt werden. Insbesondere muss darauf geachtet werden, dass jeder Einzelne seine Stärken einbringen kann, damit die Leistungsfähigkeit des Teams steigt und die individuellen Schwächen aller Teammitglieder aufgehoben werden können.«

Ein hochleistungsfähiges Team muss mit der allergrößten Sorgfalt zusammengestellt werden. Insbesondere muss darauf geachtet werden, dass jeder Einzelne seine Stärken einbringen kann, damit die Leistungsfähigkeit des Teams steigt und die individuellen Schwächen aller Teammitglieder aufgehoben werden können.

»In meiner ersten Führungsfunktion im Management«, fuhr Vater fort, »stellte ich fest, dass ich in organisatorisch-administrativer Hinsicht ziemlich schlecht dastand. Ich hatte zwar einen geradezu beängstigend geschärften Instinkt, wenn es um das Aufspüren neuer Geschäftschancen und den richtigen Weg ging, diese Chancen erfolgreich umzusetzen. Aber ich bin leider nicht so gut, wenn es um die Durchführung geht. Sobald ich eine Chance erkannt und die Strategie für ihre Umsetzung gefunden hatte, ließ ich ihr nicht mehr die unbedingt notwendige Aufmerksamkeit zukommen. Also sorgte ich dafür, dass ich einen COO, einen geschäftsführenden Vorstand hatte, der in organisatorisch-administrativer Hinsicht begabter war. Gemeinsam waren wir ein unschlagbares Team. Ich verhalf uns zu einer Strategie auf hoher Ebene, und mein COO stellte sicher, dass die Dinge zuverlässig in taktische Ausführungspläne umgewandelt wurden, in denen auch noch die geringsten Kleinigkeiten bedacht wurden.«

Er schwieg einen Moment und ergriff dann wieder das Wort. »Serving Leaders müssen daran arbeiten, Teams zu schaffen, in denen jeder Tag für Tag seine Stärken ausspielt. Das trifft auf kleine Teams zu, auf mittlere Unternehmen und auf ganze Gemeinwesen.«

»Die Sache ist die«, begann Vater seine Zusammenfassung: »In der gleichen Weise, in der gute Serving Leaders in einem Unternehmen auf die Stärken ihrer Mitarbeiter setzen, bauen die Serving Leaders in einer Gemeinde auf den Aktivposten auf, die dort bereits vorzufinden sind. Sie richten ihr vorrangiges Interesse nicht auf die Probleme, sondern eher auf die Lösungswege, die es schon gibt und die sich bewährt haben.«

Plötzlich wechselte er das Thema, so als sei ihm gerade ein neuer Gedanke durch den Kopf geschossen. »Ich berufe die Mitglieder des ›Teams ohne Namen‹ zu einer Sondersitzung ein. Ich habe nicht mehr viel Zeit und ich kann jetzt keine Rücksicht auf Gesellschafterversammlungen nehmen oder auf formelle Abendessen im Weißen Haus. Wir werden morgen zusammentreffen! Diese Arbeit ist wichtiger als jeder Termin, den der eine oder andere im Kalender stehen haben mag.«

Ich musste lächeln. Papa fühlte sich wieder als Big Boss, und ich freute mich darüber, ihn noch mal so erleben zu dürfen. Ich spürte auch, dass er sich zu einem letzten und entscheidenden Vorstoß rüstete.

Ich hielt Vaters Punkt fest:

UM MIT DEINEN SCHWÄCHEN UMGEHEN ZU KÖNNEN, MUSST DU DICH AUF DEINE STÄRKEN KONZENTRIEREN.

Das Treffen wurde für heute Morgen einberufen, in einem Stadtteil, den mir Vater im Stadtplan zeigte: Greenwood. »Wohin gehen wir?«, fragte ich Vater, der mich durch die Stadt dirigierte. Ich war vorher noch nie in Greenwood gewesen, war niemals durchgefahren, und ich hatte auch noch niemals jemanden kennen gelernt, der von dort stammte. Woher der Name »Grünwald« kam, war mir schleierhaft. Tatsächlich gab es dort überhaupt kein Grün. Eine elendere Ansammlung von an die fünfundzwanzig Wohnblöcken hatte ich noch nie zuvor gesehen.

»Wir befinden uns jetzt inmitten der schönsten Hoffnungen für unsere Stadt«, gab Vater zur Antwort.

Ich muss sehr ungläubig dreingesehen haben, denn Vater fasste mich am Arm. »Du musst mit anderen Augen sehen. Augen, mit denen du siehst, was vorhanden ist, nicht das, was fehlt. Weißt du noch, wovon wir gestern Abend gesprochen haben? Auf Stärken bauen?«

Natürlich hatte ich das nicht vergessen, und deswegen schaute ich mich noch aufmerksamer um. Aber ich sah nichts als Trostlosigkeit!

»Ich werde dich heute Morgen mit einem alten Freund bekannt machen, mit jemandem, der dir helfen kann, dein Augenlicht zu verbessern.«

Wir erreichten den Parkplatz einer ziemlich verwitterten Backsteinkirche. Unsere Zusammenkunft fand im Untergeschoss der Kirche statt, für mich ein etwas überraschender Tagungsort, vor allem im Vergleich zu unserem ersten Treffen vor fünf Wochen, im Pyramid Club.

Wir gingen die Treppe runter in den Versammlungsraum. Alle waren schon da, diejenigen, die ich schon kannte, und an die dreißig weitere Personen.

Der Polizeichef war da, begleitet von einem Mitarbeiter, der die Verbindung zur Stadtverwaltung hielt. Zwei Krankenhausverwaltungsbeamte waren ebenso anwesend wie ein Leitartikler des *Enquirer*, etwa ein Dutzend Vorsitzende und Organisatoren von Bürgerkomitees und Initiativen, der Stabschef des Bürgermeisters, einige örtliche Geistliche und natürlich Alistair Reynolds, Will Turner, Dorothy Hyde und Harry Donohue von Aslan, Stephen Cray und Anna Park von BioWorks, Martin Goldschmidts Forschungsgruppe von der Universität und eine Reihe Führungskräfte von anderen Unternehmen.

Niemals zuvor hatte ich einen solchen Kreis kennen gelernt, jedenfalls nicht in meiner beruflichen Tätigkeit als Unternehmensberater. In dieser Gruppe waren ebenso viele Frauen wie Männer, es gab mehr Farbige als Weiße und viele Latinos und Asiaten. Die Atmosphäre war mehr als angenehm. Diese Leute waren alle gut miteinander bekannt, und der scherzhafte Umgangston ließ vermuten, dass sie sich auch mochten.

Man hatte aus Klapptischen einen großen rechteckigen Konferenztisch gebaut. Klappstühle aus Metall standen drumherum. Ich wurde von vielen meiner neuen Freunde persönlich begrüßt und vielen anderen vorgestellt. Vater war offensichtlich der Ehrengast. Jeder wollte ein paar Worte mit ihm wechseln, ihn freundschaftlich umarmen. Von vielen Frauen bekam er einen Begrüßungskuss. Ich registrierte viele bestürzte Blicke und diskrete Gesten des Bedauerns, als sie bemerkten, wie viel er abgenommen hatte und wie gebrechlich er war. Das war Papas große Familie. Die Fürsorge, die jeder zeigte, beeindruckte mich zutiefst.

Wir nahmen Platz, und ich freute mich, dass sich Anna neben mich setzte.

»Meine Damen und Herren! Darf ich Sie um Ihre Aufmerksamkeit bitten?« Vaters Stimme war leise, aber vernehmlich und klar. Man hätte jetzt eine Stecknadel fallen hören können.

»Einige von Ihnen haben meinen Sohn, Mike, bereits kennen gelernt.« Nicken, Lächeln, und »Hallo, Mike« von allen Seiten. »Er schreibt gerade unsere Geschichte, und ich kann jenseits jeder väterlichen Voreingenommenheit sagen, dass ich noch nie einen so guten Text gelesen habe.«

Ich merkte, dass sich um meine Ohren herum eine leichte Röte ausbreitete, und das Lächeln auf den Gesichtern rundum nahm ich als Beweis dafür, welche Liebe meinem Vater von der Gruppe entgegengebracht wurde. Und irgendwie glaubte ich zu spüren, dass in diese Liebe auch ich ein wenig einbezogen war. Was das Kompliment angeht, so glaube ich, dass alle überzeugt waren, mein Vater habe jene »väterliche Voreingenommenheit« tatsächlich außen vor gelassen.

»Ihr Vater ist ein wunderbarer Mann«, flüsterte Anna, die nahe an mich herangerückt war. Ich beugte mich zu ihr hin, um ihre Bemerkung richtig zu würdigen.

»Mike«, blaffte Vater, »ich habe diese Sitzung deinetwegen einberufen, sei also gefälligst bei der Sache.«

Alle lachten schallend über den guten Start, den ich bekommen hatte. Sie waren ja auch alle schon selbst einmal von Vater zur Ordnung gerufen worden und genossen es nun offensichtlich, dass es auch dem Sohn des alten Herrn nicht anders ging. Ich saß also nun kerzengerade da. Vater sah so aus, als sei er mit sich sehr zufrieden.

»Normalerweise sind für unsere Stadtentwicklungsprojekte vierteljährliche Konferenzen vorgesehen«, fuhr er fort. »Das Ziel unseres ›Teams ohne Namen‹ ist es, den Gemeinschaften und Gemeinden unserer Stadt bei der Heranbildung überzeugender Serving Leaders in allen Bereichen zu helfen. Wir unterstützen diese Führungskräfte mit vielfältigen Mitteln und optimieren dann ihre Wirkung durch die strategischen Verbindungen und Vernetzungen, wie sie diesem breit gefächerten Kreis möglich sind. Hier und da sind wir auch bei der Suche nach professionellen Beratern behilflich, möchte ich heute hinzufügen«, sagte er mit einem Zwinkern in meine Richtung.

»Traditionsgemäß wird der Sektor ›Gemeinden und Gemeinschaften‹ aus der vergleichenden Bewertung herausgenommen, Mike«, wurde ich nun persönlich angesprochen. »Aber wir halten unsere Arbeit nicht nur in den ersten drei Sektoren – dem öffentlichen, dem privaten und dem gemeinnützigen –, sondern auch für den allerwichtigsten vierten Sektor, den der Gemeinden und Gemeinschaften, für unabdingbar. Unsere Arbeit besteht also darin, um es einfach auszudrücken, das Serving-Leader-Modell in jedem dieser Bereiche auszubauen – also die entsprechenden Teams und Organisationen zu bilden – und dann diese Bereiche miteinander zu vernetzen, um das Leben und die Dynamik der Gemeinden und Stadtviertel zu verbessern, in denen die Menschen ja leben.«

Ich schrieb jetzt mit wilder Geschwindigkeit mit.

»An diesem heutigen Treffen möchte ich meinen Freund Jim Silver bitten, uns über den aktuellen Stand der Dinge, die hier im Gange sind, zu informieren. Bitte, Jim«, sagte er und nickte aufmunternd einem Mann zu, der ungefähr in meinem Alter war und uns gegenübersaß.

»Hör genau zu, Sohn«, fügte Vater hinzu, mit einer abschließenden väterlichen Stichelei.

»Zur Einführung möchte ich nichts anderes sagen, als dass Robert Wilson ein Geldraffer ist«, fing Jim an, und er brachte die Gruppe damit erneut zum Lachen. Mein Vater grinste breit. »Ich habe deine lausigen 100 Piepen dabei, Bob«, fuhr Jim fort. »Du hast wahrscheinlich angenommen, ich würde mich davonstehlen, oder?«

Ich fragte mich, wovon er redete.

»Es war Ihr Vater, Mike«, sagte Jim, »der dafür gesorgt hat, dass ich mich hier engagiere. Wir trafen uns beim Rückflug von einem Unternehmerkongress, und wir kamen im Flugzeug auf den traurigen Zustand zu sprechen, in dem sich einige Stadtviertel Philadelphias seinerzeit befanden. Jedenfalls fragte er mich, ob ich von mir selber meine, dass ich mein ganzes Können tatsächlich in den Dienst der ganzen Gemeinschaft stellen würde, und ehrlich gesagt wusste ich natürlich, dass dem nicht so war. Tatsache war, dass ich mein ganzes Können gar keiner Sache zur Verfügung stellte! Ich war ganz oben auf der Karriereleiter angelangt, Chef der Firma, aber ich fühlte mich trotzdem vollkommen leer. Ich denke, dass Ihr Vater das schon geahnt hatte, Mike. Er sagte zu mir: ›Jim, ich habe da eine große Idee, und ich bitte Sie, einmal darüber nachzudenken.‹«

Noch mehr Kichern. Mein Vater hat augenscheinlich mehr als einen Menschen mit einer seiner »großen Ideen« lebenslänglich eingefangen.

»›Ich möchte Ihnen ein Experiment vorschlagen, Jim‹, sagte er zu mir. ›Glauben Sie an die Kraft des Gebets?‹«

»›Aber *selbstverständlich*‹, sagte ich, was ziemlich übertrieben war, wie ich jetzt ja zugeben kann. Was ich über das Beten wusste, war ein schlechter Witz.«

Das Kichern wich jetzt aufmerksamem Zuhören.

»›Gut, dann bitte ich Sie, jeden Tag für Greenwood zu beten‹, sagte Bob. Greenwood!, dachte ich bloß. Wieso Greenwood? ›Lassen Sie uns eine Wette abschließen‹, sagte er, ›wenn sich in sechs Monaten in Greenwood nichts Besonderes ereignet hat, gebe ich Ihnen 100 Dollar.‹«

»Ich sagte damals noch zu Bob, ich würde ihm keinen Vorwurf daraus machen, dass er nur 100 Dollar einsetzte. Ich wusste nicht viel über Greenwood, aber doch genug, um sicher zu sein, dass dort niemals irgendetwas Bedeutsames geschehen konnte.«

Ich bemerkte, dass einige Anwesende bei dieser Bemerkung ziemlich stoisch irgendwohin guckten. Sie waren Greenwooder, wie ich vermutete, und konnten über Jims negative Etikettierung ihres Viertels nicht lachen.

»Nun ja, ich nahm Bobs Aufforderung an und nahm sie auch ernst«, erzählte Jim weiter. »Ich begann, täglich für Greenwood zu beten. Doch dann dachte ich, dass ich für dieses Viertel nicht ernsthaft beten konnte, ohne nicht doch noch mehr darüber zu wissen. Ich nahm mir einen Stadtplan von Greenwood und betete hinfort über diesem Plan. Als Nächstes ging mir auf, dass ich nicht bloß über einem Plan beten konnte, sondern dass ich auch nach Greenwood gehen und dort einige Menschen kennen lernen musste.

Also begann ich damit, in dem Viertel herumzufahren, bei Kirchen oder Läden auch mal anzuhalten, Menschen zu treffen. An Samstagen ging ich mit meiner Tochter, Sarah, dorthin essen.

Eines Tages betrat eine Gruppe Anwohner das Restaurant, in dem wir saßen. Diese Menschen nahmen an einem Projekt zur Verschönerung ihres Viertels teil und wir fragten sie, ob wir mitmachen könnten. Wir verbrachten einen wunderbaren Herbsttag mit ihnen, arbeiteten und lachten miteinander.

Ein andermal kamen Sarah und ich beim Essen mit jemandem in Schlips und Kragen ins Gespräch. Er erzählte uns, dass er aus Jersey kam. Er hatte den Vormittag damit zugebracht, geeignete Fertigungsstandorte für seine Firma zu finden und gerade aufgegeben. Er sagte, er habe erkannt, dass das hier das falsche Viertel sei. Hier erlebte ich meine erste Überraschung«, rief Jim aus. »Der Kommentar des Mannes regte mich so richtig auf. Ich hatte mich lang genug hier aufgehalten, um sein Vorurteil über Greenwood wie ein Vorurteil gegen mich selbst zu empfinden! Wenn er nichts anderes gesehen hatte als Probleme, hatte er eben nicht genau genug hingeguckt!«

Die stoischen Gesichter fingen wieder an, sich für den Bericht zu erwärmen.

»Ich sagte ihm, dass er meiner Meinung nach hier gut zurechtkommen könne und dass ich für ihn einige Kontakte herstellen könne, wenn er es wollte. Ich habe dann tatsächlich Termine mit Geschäftsleuten arrangiert, die an seinen Produkten Interesse zeigten, und ich brachte ihn mit einigen Lokalpolitikern zusammen, die darauf brannten, ihm Anreize für eine Ansiedlung hier zu geben. Um es kurz zu machen: Er änderte seine Pläne. Während wir hier tagen, ist er dabei, sich mit seinem Herstellungsbetrieb in Greenwood niederzulassen. 120 Arbeitsplätze werden hier entstehen.«

Beifall und einige begeisterte Zurufe.

»Und mit welchem Haken haben wir diesen Fisch gefangen? Wir haben unglaubliche Aktivposten – verfügbare und lernfähige

Arbeitskräfte und ein Ausbildungszentrum von Weltformat. Dorothy hat gerade gestern zugestimmt, eine Aslan-Ausbildungseinrichtung direkt in seiner Fabrik einzurichten und ihm damit die Arbeitskräfte zu liefern, die er braucht.«

Erneuter Beifall und diesmal Anerkennung für Dorothy.

»Es haben sich auch noch ein paar andere Dinge ereignet«, machte Jim weiter. »Ich erzählte vor einiger Zeit einer Freundin von meinen Gebeten für Greenwood – sie ist eine Repräsentantin der Big-Brothers-/Big-Sisters-Bewegung –, und sie berichtete mir von Dr. Turners Arbeit mit den Kindern von Strafgefangenen. Nun, ich bin da sofort eingestiegen, da ich ja schon eine ganze Reihe führender Leute aus der Greenwooder Gesellschaft kennen gelernt hatte. Es fehlt nicht mehr viel, dann haben wir 150 Mentoren aus den örtlichen Kirchengemeinden für die Kinder im Gebiet Greenwood.«

Jim lächelte übers ganze Gesicht und fuhr fort: »Wie ich schon sagte, Bob, du bist ein Geldeintreiber! Willst du vielleicht auch noch wissen, wohin meine Familie und ich demnächst umziehen?«, fragte er mit kämpferischer Stimme.

»Nach Greenwood«, war Vaters schlichte Antwort. »Du schuldest mir 100 Dollar, Jim«, fügte er hinzu. Und dabei hatte er Tränen in den Augen.

»Zahle ich gerne«, antwortete Jim, jetzt mit einer Stimme, die im krassen Gegensatz zu dem metallenen Klang des Triumphes stand, mit dem er seinen Bericht beendet hatte. »Jetzt spüre ich, dass ich ein Ziel im Leben habe«, fügte er hinzu. Er kämpfte offensichtlich damit, sein Gefühl der Rührung zu beherrschen.

Es gab im Verlauf des Treffens noch mehr solcher aufregenden Berichte. Mehrere Kirchengemeinden der Stadt arbeiten in einem Projekt zusammen, das Gemeindemitgliedern dabei helfen soll, ihre Begabungen und Leidenschaften zu erkennen und sie »strategisch« für Gemeinschaftsaufgaben zu mobilisieren. Es bilden sich neue Unternehmen. Einige Nachbarschaftsinitiativen werden in organisatorischen Fertigkeiten unterwiesen, um ihre Effektivität bei der Lösung von speziellen Problemen ihres Stadtviertels zu optimieren. Eine Gruppe erfahrener Väter weist junge Väter in die Aufgaben von Vätern ein – vor allem diejenigen Väter, die sich kaum um ihre Kinder kümmern. Sie suchen und finden einige dieser Väter, indem sie in die Entbindungsstationen gehen, wo die Kerle doch mal kurz reinzuschauen pflegen, um wenigstens einen kurzen Blick auf ihre Babys zu werfen! Das hat mich wirklich begeistert – sogar um »abgetauchte Väter« wird sich nun intensiv gekümmert, und diese Väter freuen sich auch über diese Initiative.

Dr. Turner machte die Gruppe mit den neuesten Entwicklungen des Betreuungsprogramms für Kinder von Strafgefangenen bekannt. Und der Pastor der Kirche, in der wir uns versammelt hatten, berichtete über den Erfolg, den seine Kirche erreicht hatte: Ein neues Computerlernprogramm, das für das Stadtviertel entwickelt worden war, hatte die Anerkennung erhalten, nun als »gemeinnützig« eingestuft zu werden. Weitere Mitglieder der Gruppe präsentierten neue Ideen, wollten Rat oder Hinweise für das weitere Vorgehen bei der Verfolgung ihrer Visionen.

Die letzten fünfundvierzig Minuten wurden im Gebet verbracht. Der für mich bewegendste Teil davon war, als die Gruppe Vater umringte und für seine Heilung betete. »Heile ihn hier«, betete der gastgebende Pastor und legte die Hände auf Vaters Schultern. »Oder heile ihn da. Aber heile ihn ganz bestimmt!«

Heile ihn auf jeden Fall. So lautet auch mein Gebet.

Heute Abend habe ich mein Schaubild ergänzt.

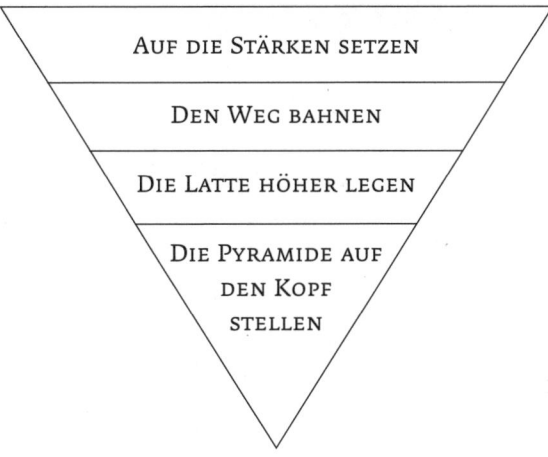

Serving Leadership stellt die Pyramide auf den Kopf, legt die Latte höher und bahnt den Weg. Und sie tut noch etwas anderes, etwas sehr Wichtiges: Sie baut auf den Stärken der Menschen auf. Und jetzt begreife ich auch, was Papa mir über das Sehen mit neuen Augen sagte. Man kann nicht auf Stärken aufbauen, wenn man die Stärken nicht kennt – wenn alles, was man sieht, die Schwächen sind. Um ein wirklicher Serving Leader zu sein, braucht man neue Augen!

Papas »Team ohne Namen« ist ein Stärken-Sucher. Und ein Stärken-Verbinder. Ausgehend von großen Teams und Organisationen – aufgebaut von großen Serving Leaders in allen Wirtschaftsbereichen, in Regierung und Verwaltung und im sozialen Bereich –, koordiniert Papas Team Stärken aus allen Bereichen zum Nutzen ganzer Gemeinwesen. Wie aufregend das ist!

Vor Wochen schon hatte Martin Goldschmidt zu mir gesagt: »Gemeinschaft entsteht erst, wenn jeder Einzelne die Ärmel hochkrempelt und an die Arbeit geht. Nur ein Serving Leader kann ein solches Wunder in Gang setzen und diesen Prozess verstärken!«

Heute *sehe* ich, was er damit gemeint hat. Noch genauer gesagt, *fühle* ich mich bereits als ein Teil einer Gemeinschaft. Ich spüre, dass ich dazugehöre und dass ich über Stärken verfüge, die ich einbringen kann. Und ich spüre, dass meine Schwächen von anderen ausgeglichen werden können. Hier liegt schon wieder ein Widerspruch, wirklich. Man kann nicht der Beste werden, es sei denn, andere können es auch. Unser Bestes verlangt deren Bestes. Um wirklich in strahlendem Glanz dastehen zu können, braucht man eine Gemeinschaft. Ein »einsamer Stern« ist eigentlich ein Oxymoron, ein Widerspruch in sich. Denn wenn ein Stern allein ist, kann niemand bemerken, dass er leuchtet.

Heute bin ich in ein mir völlig fremdes Viertel gefahren und ich habe erfahren, was Gemeinschaft ist!

Die wichtigste Aufgabe: etwas ganz Großes wollen

Gestern ließen es Papa und ich ganz langsam angehen. Von unserem Ausflug nach Greenwood war er noch ziemlich erledigt, aber er ist felsenfest davon überzeugt, dass er noch nicht zum letzten Mal »Hurra!« gerufen hat. Als wollte er es beweisen, hat er für heute ein weiteres Arbeitsessen arrangiert. »Es handelt sich um einen sehr wichtigen Besuch, mein Sohn«, sagte er zu mir.

Gestern hatten wir einen Teil des Tages zusammen im Keller verbracht, um die Gleisanlage endgültig anzuschließen. Papa sah meistens zu, einige Gebäude strich er allerdings neu an. Wir nahmen die ganze Anlage in Betrieb und ließen unsere Züge fahren. Für eine kleine Weile schien die Zeit still zu stehen: Papa und sein Junge taten nichts anderes, als mit der elektrischen Eisenbahn zu spielen. Die Erinnerung daran wird mir stets heilig sein.

Natürlich unterhielten wir uns auch.

»Was hat es eigentlich mit Anna auf sich?«, fragte er ganz unvermittelt, mit einem leichten Augenzwinkern.

»Nichts«, antwortete ich, ein bisschen abwehrend. »Ich glaube nicht, dass es damit etwas Besonderes auf sich hat. Jedenfalls ist sie sehr nett«, räumte ich dann doch ein.

»In der Tat. Ich habe dir ja schon gesagt, dass du andere Augen brauchst, mein Junge. *Nichts*, sagst du!«

Ich sah ihn an und konnte mich eines kleinen Lächelns nicht enthalten. Mag sein, dass es mehr ist als *nichts*.

»Ich halte mich seit langer Zeit zurück, was Beziehungen anbelangt, Paps«, versicherte ich ihm.

»Das soll mich wohl beruhigen?«, fragte er, sichtlich unbeeindruckt. »Das Problem ist, dass du – wenn du es zu einer Gewohnheit machst, dich mit Beziehungen zurückzuhalten – dich allzu sehr von allem abschottest, einschließlich von dir selbst.«

Er schaute mich über den Rand seiner Lesebrille hinweg streng an. »Auch von Gott!«

Auch mit Mama habe ich gestern einige Zeit verbracht. Während Vater ein Mittagsschläfchen machte, half ich Mutter, im Lebensmittelladen die Einkäufe zu machen, und bei ein paar weiteren Besorgungen. Ich war dankbar für die Stunden, die ich allein mit ihr verbringen und in denen ich mit ihr reden konnte – über die Zukunft, über ihre Zukunft ohne Papa und meine Zukunft im Lichte dessen, was ich hier erlebt hatte. Mir ist mittlerweile klar, dass dieser kurze Besuch in Philadelphia alles andere als kurz ausfallen wird. Dass meine Zukunft ganz anders aussehen wird, als ich noch vor einigen Wochen gedacht habe. Schon allein deswegen, weil Mutter mehr Unterstützung von meiner Seite brauchen wird. Ich muss überlegen, wie das ablaufen soll.

Alles klar, Mike! Jetzt aber zurück an die Arbeit!

Am späten Vormittag half ich Vater zum Auto. Er überraschte mich damit, dass er mich zur Werft der Marine dirigierte.

»Ich glaube, dass du ein gutes Modell für das entwickelst, was einen Serving Leader ausmacht«, sagte Vater. »Aber ein Kernstück fehlt dir meines Erachtens noch. Die Dynamik des Ganzen hast du verstanden – wie eine Führungskraft ihr Team aufbaut, oder die Firma oder die Kommune –, aber etwas ganz besonders

Wichtiges fehlt dir noch. Ich glaube, dass dir mein Freund Admiral Butler dazu verhelfen kann.«

»Ein Admiral soll mir etwas über Serving Leadership beibringen?«, fragte ich. Einen ganz kleinen Anflug von Ungläubigkeit in meiner Stimme konnte ich wohl nicht unterdrücken.

»Genau so ist es«, bestätigte er mit erhobener Stimme. »Ich werde dich heute mit einem Admiral der United States Navy bekannt machen, er ist ein wunderbarer Serving Leader. Du wirst deine Augen aufmachen müssen, Mike«, ergänzte er. »Große Männer und bedeutende Frauen gibt es überall. Man kann sie unter den Armen finden und unter den Mächtigen. Aber man wird sie nicht finden, wenn man nicht nach ihnen Ausschau hält.«

Ich fühlte mich ein wenig zurechtgewiesen von seiner scharfen Bemerkung. Vater hat es sich offenbar zur Vollzeit-Aufgabe gemacht, meine Blindheit zu heilen, und ich muss ja zugeben, dass ich meine Probleme habe mit dem ›richtigen Sehen‹.

An der Werft angekommen, wurden wir zunächst sicherheitsüberprüft, bekamen unsere Werkspässe und wurden dann zu einem quietschsauberen Kasino eskortiert, um dort Admiral »Rock« Butler zu treffen. Man hatte das Essen gerade hereingebracht, und es war für uns drei gedeckt.

»Admiral Butler«, sagte ich zur Begrüßung, ein wenig eingeschüchtert von seinem hohen Dienstgrad. »Es ist mir eine Ehre.«

»Nennen Sie mich Rock, bitte, Mike«, antwortete er. »Jeder nennt mich so.«

»Gut«, antwortete ich zögernd, innerlich noch nicht ganz so weit, diesen berühmten Mann als meinen alten Kumpel Rock anzusprechen.

Admiral Butler wirkte wie 55. Er war nicht groß, vielleicht 1,65 oder 1,70. Aber seine Präsenz war enorm! Vielleicht kann ich es am besten so ausdrücken, dass er auf mich wirkte wie jemand, der in sich selbst zu Hause ist. Seine Haltung war völlig entspannt, und doch zeigte sich nicht die leiseste Spur von Formlosigkeit oder Nachlässigkeit. Sein Haar war kurz geschnitten und grau, und er hatte ein offenes Gesicht und ehrliche Augen, wie ich es vorher bei kaum einem Menschen gesehen hatte.

»Ich bitte dich, Mike alles über dein Verständnis von Führung zu erzählen, Rock«, sagte Vater völlig respektlos. »zeig ihm, was Sache ist.«

»Bevor ich das tue, Mike«, antwortete Rock, »würde ich doch gerne wissen, was Sie bis jetzt über Serving Leaders gehört haben.«

Vater wandte seine ganze Aufmerksamkeit jetzt mir zu, und er war offenbar zufrieden damit, dass der Admiral diesen Weg der Gesprächseröffnung gewählt hatte.

»Also«, stammelte ich, und ich fühlte mich wie an jenem ersten Vormittag, als Vater mich ins Rampenlicht gestoßen hatte. »Menschen, die wir als Serving Leaders bezeichnen, sind lebende Widersprüche«, begann ich.

Vater schenkte mir ein Lächeln für diesen Satz.

»Es sind Führungskräfte, die damit beginnen, die alten Hierarchien auf den Kopf zu stellen und sich selbst unten einzureihen. Ich nenne das *Die Pyramide auf den Kopf stellen*. Sie dienen vielen Menschen damit, dass sie zunächst ganz selektiv nur wenigen dienen, und sie stellen hohe Erwartungen an ihre Leute. Bei BioWorks heißt das *Die Latte höher legen*. Aber dann helfen sie ihren Leuten, diesen hohen Erwartungen gerecht werden zu können, indem sie ihnen beibringen, wie man Erfolge erringt, und indem sie ihnen die vor ihnen liegenden Hindernisse aus dem Weg räumen. Ich nenne das *Den Weg bahnen*. Und schließlich helfen sie ihren engsten Mitarbeitern, sich auf ihre Stärken zu konzentrieren und ihre besten Kräfte zu bündeln. Und diesen letzten Punkt habe ich als *Stärken aufbauen* bezeichnet.«

Ich hörte auf. »Ich fürchte, das war eine 60-Sekunden-Fahrstuhlrede«, bemerkte ich noch und merkte gar nicht, dass ich es ganz gut zusammengefasst hatte.

»Ein ordentliche Rede«, sagte Admiral Butler gemessen. »Können Sie mir eine Zeichnung davon anfertigen?«, fragte er und deutete auf die weiße Tafel an der Wand.

Ich stand auf, nahm einen dunkelgrünen, trocken abwischbaren Stift und zeichnete meine auf den Kopf gestellte Pyramide und schrieb die vier Maßnahmen hinein, von denen ich eben gesprochen hatte. Als ich fertig war, setzte ich mich wieder hin und wartete wie ein Schüler auf die Note, die ich bekommen würde.

Rock starrte kurz auf die Tafel, mit unergründlicher Miene, und dann drehte er sich zu mir um. »Das gefällt mir«, fing er an. »Ich stimme jedem einzelnen Wort zu, das Sie hier hingeschrieben haben, und das ist auch das, was ich meinem Führungsteam beibringe.«

»Bah!«, war alles, was mir einfiel. Ich sah meinen Vater an, aber dessen Gesicht war genau so unergründlich wie das von Rock, und so richtete ich meine Aufmerksamkeit wieder auf ihn. »Sind Sie tatsächlich der Meinung, dass ich die wichtigen Punkte erfasst habe?«, fragte ich, natürlich von dem Wunsch beseelt, ein weiteres Mal gelobt zu werden.

»Nun ja«, sagte Rock gespreizt. Aber immerhin legte sich ganz langsam ein freundliches Lächeln über sein Gesicht. »Ich glaube, dass Sie *viele* der wichtigen Punkte begriffen haben. Aber ich denke doch, dass Sie noch etwas ganz Wichtiges vergessen haben.«

»Dasselbe meinte heute Morgen auch schon mein Vater, Herr Admiral.«

»Sie haben wirklich ein gutes Modell entwickelt«, sagte er zu meiner Ermutigung. »Und ich glaube, dass ich einen Beitrag dazu leisten kann, es weiter auszubauen. Und, Mike«, fuhr er fort, »ich bin Rock, in Ordnung?«

»In Ordnung«, sagte ich. »Sie müssen wissen, Rock«, fügte ich hinzu, nun ermutigt, tatsächlich zu »Rock« überzugehen, »dass Dr. Goldschmidt und ich schon kurz darüber gesprochen haben, was einen Serving Leader antreibt. Er sagte, für ihn sei es klar, dass ein höheres Ziel über all dem Handwerklichen stehen müsse.«

»Bingo! Genau darüber möchte ich nämlich mit Ihnen sprechen!« Er erhob sich, nahm einen Markerstift und schrieb mit großen, kühnen Buchstaben einen Satz unter meine Pyramide.

Einem grossen Ziel verpflichtet sein

Dann unterstrich er die Zeile.

»Lassen Sie uns über diesen Satz sprechen«, sagte Rock und nahm wieder Platz. »Meiner Meinung nach sind Serving Leaders einem großen Ziel verpflichtet«, hub er an. »Nicht irgendetwas Mickrigem, sondern etwas wirklich Wichtigem. Wichtig genug, um dafür zu leben. Wichtig genug auch, um dafür zu sterben.«

Ich schrieb alles Wort für Wort in mein Notizbuch.

»Was Serving Leaders von gewöhnlichen Führungskräften unterscheidet, ist, dass sie von vornherein für solch ein Ziel angetreten sind. Deswegen habe ich das Wort *verpflichtet* gewählt. Serving Leaders formulieren ein so ehrgeiziges Ziel, dass Menschen sich dafür in die Pflicht nehmen lassen. Die Führungskräfte geben das Tempo vor und gehen selbst voran, und dieser Geist überträgt sich auf die Menschen, denen sie dienen.«

Nach kurzer Pause fuhr er fort: »Das, was Ihrem Modell noch

fehlt, ist, dass es noch kein richtiges Fundament hat.« Er ließ diesen Kommentar ein wenig in der Luft hängen.

»Ich muss das sogar noch kräftiger ausdrücken«, ergänzte er. »Ihr Modell hat *überhaupt* noch kein Fundament. Es besteht aus einigen ganz wichtigen Handlungsschritten. Aber was hält das Ganze zusammen?«

Ich blinzelte nur. »Ein Ziel?«, bot ich an. Ich kam mir ziemlich blöd vor. Er hatte es doch eben gesagt, dass es um ein Ziel gehe. Was also hätte *ich* sagen sollen?

Rock lächelte, beugte sich zu mir herüber und haute mir wohlwollend auf den Rücken. »Wissen Sie was«, sagte er, »ich kann Ihnen wohl am besten weiterhelfen, wenn ich Ihnen eine Geschichte erzähle. Dazu muss ich Sie mit nach oben nehmen.« Meinen Vater fragte er: »Bist du für eine kleine Wanderung gerüstet, Bob? Mike und ich, wir werden dir helfen.«

»Auf mich könnt ihr zählen«, gab Vater zur Antwort, mit dem entschlossenen Grinsen eines alten Soldaten im Gesicht.

»Ich möchte euch mitnehmen in unser so genanntes Krähennest«, sagte Rock, während er noch etwas aus seiner Aktentasche herausholte. Es war eine alte, abgenutzte Bibel. Währenddessen stand ich auf und half Vater.

Nach einer Reihe von Treppen und Gangways landeten wir schließlich in einem verglasten Ausguck ganz oben auf einer hohen Mauer. Von dort oben aus konnte man den betriebsamen Marinehafen überblicken.

Rock eröffnete das Gespräch. »Ich dachte mir, dass Ihnen das gefallen würde. Von hier aus können Sie auch den Pyramid Club sehen, wo – soweit ich weiß – Ihre Reise begann.« Ich drehte mich um und genoss den großartigen Blick über die ganze Stadt. Ich dachte unwillkürlich darüber nach, wie weit ich auf dieser Reise inzwischen gekommen war.

Admiral Butler nahm an einem kleinen Tisch im Ausguck Platz und zog Stühle für Vater und mich heran. »Mein Vorbild für diese Aufgabe der großen Ziele findet sich in einem der ältesten Managementtexte der Welt«, stellte er bedeutungsschwanger fest und legte sein altes Bibelexemplar auf den Tisch. »Der Text ist Nehemiah.«

»Das steht im Alten Testament, Mike«, sagte Vater.

»Ich weiß, dass Nehemiah im Alten Testament steht«, gab ich etwas gereizt zur Antwort, hoffte aber, dass Rock mich nicht bitten würde, ihn herauszusuchen.

Aber Rock lachte nur in sich hinein und schlug seine Bibel genau an der passenden Stelle auf. Vater spähte mit hoch gezogenen Brauen zu mir herüber, ein Mona-Lisa-Lächeln der Genugtuung im Gesicht.

»Nehemiah war ein leitender Angestellter«, begann Rock zu erzählen, »der für einen siegreichen König arbeitete, weit weg von seiner Heimat Jerusalem. Er hörte von dem erbärmlichen Zustand, in dem sich seine Heimatstadt befand, und er fühlte sich zu dem großen Ziel berufen, ihre Mauern und Tore wieder aufzubauen.«

»Eine etwas größere Aufgabe als der Wiederaufbau unserer Gemeinden hier in Philly«, warf Vater ein.

»Da wäre ich mir nicht so sicher, Bob. Die Wiederherstellung funktionierender Stadtgemeinden ist die größte Herausforderung, die ich kenne. Mache dich doch nicht kleiner als du bist, Bob«, fügte er hinzu.

Vater nickte bestätigend.

»Wie auch immer, Nehemiah sprach mutig bei seinem Chef, dem König von Babylon, vor – das entspricht so ungefähr dem heutigen Irak – und bat um die Erlaubnis, in seine Geburtsstadt heimzukehren, um mit der Arbeit zu beginnen.«

Ich notierte alles, so schnell ich konnte.

»Um einen Ausblick, wie wir ihn hier vom Krähennest aus haben, zu bekommen, musste Nehemiah um die Stadt herumfahren, das dauerte bis zum Einbruch der Nacht, und er besah die Schäden und die Zerstörungen. Angetrieben von dem großen Ziel, das er in seinem Herzen trug, stellte er seinen Leuten die begeisternde Vision von der Wiederherstellung der zwölf Tore und der verbindenden Mauern Jerusalems in ihrer früheren Größe und Pracht vor. Als Realist, der er auch war, erkannte er bei dem ungeheuren Umfang der Schäden, dass es sich um eine Aufgabe handelte, die die Mitarbeit jedes einzelnen Bürgers Jerusalems erforderte.«

Er wandte sich an Mike. »Erkennen Sie's, Mike?« fragte er. »Er hatte ein großes Ziel, eine gewaltige Aufgabe. Und er wusste, dass *die Lösung die besten Fähigkeiten jedes Einzelnen erforderte*. Das bringt ja auch einer Ihrer Schlüsselsätze zum Ausdruck.«

Ich unterstrich den Satz in meinem Notizbuch.

»Am nächsten Tag«, fuhr Rock fort, »berief er eine Versammlung der Ältesten und der Führer ein und vermittelte ihnen das Ziel und die Herausforderung, Jerusalem im alten Glanz wiederauferstehen zu lassen. Dann kam, wie haben Sie's gleich genannt, die umgekippte Pyramide?«

»Die Pyramide auf den Kopf stellen«, antwortete ich.

»Richtig. Nehemiah teilte die Arbeit auf die Familien auf – die Familien, die in der Nähe der zerstörten Tore und Mauern wohnten –, und dann stellte er *die Pyramide auf den Kopf* und widmete seine ganze Zeit der Aufgabe, ihnen bei der erfolgreichen Umsetzung ihrer großen Herausforderung zu helfen.«

Ich unterstrich auch das.

»Es dauerte nicht lange, da wagten sich die Gegner und Kritiker des Wiederaufbaus hervor und bedrohten die Arbeiter. Nehemias Rolle als Serving Leader änderte sich abermals und er sorgte für physischen und psychischen Schutz.«

Ich kritzelte *Den Weg bahnen und frei räumen* an den Rand.

»Die Arbeit schritt voran und wurde ein voller Erfolg«, fasste Rock zusammen, »weil die Menschen Nehemiah in seiner großen Vision folgten; sie hatte von ihren Herzen Besitz ergriffen. Schritt für Schritt wurden die Tore und Mauern wiederhergestellt.«

»Ich verstehe«, sagte ich und nickte.

»Das ist ja jetzt ganz genau meine Aufgabe, dafür Sorge zu tragen, dass Sie alles verstehen. Und deswegen möchte ich sogar noch etwas schärfer formulieren. Ihr Modell ist großartig. Es deckt sich auch völlig mit meinen eigenen Erkenntnissen und meiner Erfahrung. Aber *ein großes Ziel* ist nicht der letzte Punkt, Mike.« Er formulierte diesen Satz mit allem Nachdruck. Ich starrte ihn verwirrt an. Gab es noch einen *weiteren* Punkt?

»Ein großes Ziel ist der *allererste* Punkt!«, sagte Rock schließlich. »Die Pyramide auf den Kopf stellen? Warum? Die Latte höher legen? Zu welchem Zweck? Den Weg bahnen, damit Menschen wohin gelangen sollen? Auf Stärken setzen? Um was damit zu erreichen? Also: Ein großes Ziel ist das Fundament, der *allererste* Punkt!«

Er ließ die Fragen im Raum schweben, und wir schauten uns alle an.

»Wenn das Ziel nicht größer als all die Menschen wäre, die daran beteiligt sind, dann würde keines der gewaltigen Unternehmen stattfinden, die Sie hier in Philadelphia sehen. Die Menschen brauchen eine Antwort auf die Frage nach dem Ziel, und im Gegensatz zu dem, was die meisten Menschen glauben, ist Eigennutz nicht die Antwort, die die Erwartungen erfüllt und die Erlösung bringt, und auch nicht die Antwort, die wirklich zufrieden stellt.«

Rock unterbrach sich erneut und sah mich an. Ich erwiderte seinen Blick. Ich dachte nach. Die Menschen brauchen eine Antwort auf die Frage nach dem Ziel und nach dem Sinn, hatte Rock gerade gesagt. Wie würde *meine* Antwort lauten?

Karriere zu machen, so hatte ich lange Zeit geantwortet. Ein größeres Gehalt bekommen. Vielleicht den Posten des Chefs bekommen. Ganz an die Spitze gelangen. Das waren meine Antworten gewesen. Und wie hohl und leer klingen sie jetzt in meinen Ohren. Ich hätte auf diesem Weg weiterschreiten können, jedes Ziel erreichen und jeden Erfolg schaffen können – und ich wäre doch dort geendet, wo ich begonnen hatte: Ich hätte mich immer noch nach dem »Warum?« gefragt.

»Nichts von all der Beschleunigung, der kreativen Teamarbeit und der steigenden Produktivität, die zu Ihrem Modell gehören, wird eintreffen«, fuhr Rock fort, »wenn Sie Ihr Modell nicht auf dem Fundament eines großen Zieles aufbauen. Wenn man das zuerst vermittelt, wird alles andere folgen!«

Dann fragte er: »Können Sie mir folgen, Mike?« Offensichtlich war er nicht sicher, was sich hinter meinen wie erstarrt wirkenden Augen abspielte.

»Oh ja, das kann ich«, gab ich zur Antwort. Ich lächelte in mich hinein und wackelte mit dem Kopf. »Es ist nur so, dass ich gerade jetzt ein bisschen damit beschäftigt bin, in meinem Hirn die Möbel umzustellen.«

Rock schmunzelte und nickte. Er war mehr als zufrieden.

Ich sah zu meinem Vater hin und bemerkte, wie ihm die Tränen übers Gesicht rannen. Der Ausdruck, den er im Gesicht hatte, zeigte mir unübersehbar, dass das, was gerade geschehen war, ihn mehr befriedigte, als in Worte zu fassen war.

»Also gut, Rock«, sagte ich, nachdem ich mich geräuspert hatte. »Ich werde mein Modell ändern. Ich habe nicht den geringsten Zweifel daran, dass *Einem großen Ziel verpflichtet sein* das Erste und Wichtigste ist, was einen Serving Leader ausmacht. Das ist das Fundament. Alles andere ergibt sich daraus.« Diese Erklärung gab ich bei vollem Bewusstsein und aus ehrlicher Überzeugung ab.

Einem großen Ziel verpflichtet sein ist das Erste und Wichtigste, was einen Serving Leader ausmacht. Das ist das Fundament. Alles andere ergibt sich daraus.

»Mike, es wird mir ein Vergnügen sein, Sie noch besser kennen zu lernen«, sagte Rock. Und an seinem Gesicht konnte ich ablesen, dass er es genau so meinte, wie er es sagte. »Und, Bob«, wandte er sich meinem Vater zu, »der Apfel fällt nicht weit vom Stamm; das ist mir jetzt klar.«

Über Vaters Gesicht, jetzt ein Abbild der Dankbarkeit, rannen immer noch die Tränen.

»Ich denke dauernd über dein ›Team ohne Namen‹ nach, Vater«, sagte ich und sah ihm dabei direkt ins Gesicht. Er wischte sich die Augen trocken. »Sie sind einander so eng verbunden. Es geht um mehr als nur um die Methoden, die sie anwenden. Sie haben ein Ziel, das alles in den Blick rückt. Das hilft mir zu verstehen, warum so wichtige Leute zum Team gehören wollen, wo die Moral herkommt, und warum so viel Kraft und Mut in diesem Kreis zu erkennen ist.«

Vater nickte.

»Sie wollen in und für Philadelphia viel verändern. Für jeden, der in dieser Stadt lebt. Sie glauben daran, dass sie es *können*.«

»Das ist die Hauptsache, Mike«, warf Rock ein. »Für andere Menschen etwas zum Guten zu verändern, ist das Wesentliche in unserem Leben. Es ist das große Ziel, das uns alles Nötige abverlangt, um alles für den Erfolg zu geben.« Seine Stimme verlor sich. Unbewegten Blicks starrte er mich an, offensichtlich tief in Gedanken versunken.

»Hat Ihnen das schon früher jemand gesagt, dass Sie auf die Welt gekommen sind, um etwas zu verändern?«

Ich hielt Rocks Blick stand und dachte über seine Frage nach. Niemand hatte mir jemals so etwas gesagt, um ehrlich zu sein. Aber ich glaubte nun, dass genau darin der Sinn meines Lebens bestand, und ich fühlte mich dazu bereit.

»Du wurdest geboren, um etwas zu verändern, Mike«, wiederholte Rock. Diesmal war es keine Frage. »Und ich kann keinen Grund erkennen, warum du nicht heute damit anfangen solltest. Also fange jetzt an!«, schloss er mir ruhiger Kommandostimme.

Für einen langen Augenblick sagte keiner etwas, und dann nickte ich.

»Das ist für mich ein entscheidender Tag, Herr Admiral«, sagte ich. »Und du, Vater, hattest Recht. Mir fehlte ein Teil, etwas ganz Wichtiges. Es fehlte meinem Modell, und also fehlte es auch mir. Darf ich euch beiden eine Frage stellen?«, fuhr ich fort. »Wo wir doch schon über fehlende Teile reden?«

»Frag«, antwortete Vater.

»Was hat es mit dem geistig-geistlichen Teil auf sich? Genauer gefragt: Ist die geistliche Komponente eine Voraussetzung dafür, dass Serving Leadership funktioniert? Tragt Ihr beide ständig eine Bibel unter dem Arm?«

»Mir ist das wichtig, Mike«, gab Vater zur Antwort – mit ganz aufgeregt vibrierender Stimme. »Mein Glaube ist mir wichtig, weil er mich stets an die Tatsache gemahnt, dass mein Leben nicht mir gehört. Mein Leben soll etwas Größerem dienen als mir selbst.«

»Ich weiß, dass das bei dir so ist, Vater«, antwortete ich und wunderte mich, dass er mir das so deutlich sagte. Das war mir doch schon immer vollständig bewusst.

»Ich möchte, dass das auch bei dir so ist, Mike«, fuhr er fort. Seinem Gesicht war die Rührung anzusehen.

»Es ist auch für mich wahr«, antwortete ich mit Nachdruck. Jetzt begriff ich erst, wie er meine Frage verstanden hatte. Er hatte gedacht, dass sich meine Gedanken nur wieder um meine persönlichen Befindlichkeiten drehen würden, das war aber jetzt nicht der Fall. »Für mich *wird* es wahr, sollte ich vielleicht besser sagen. Wenn du dir darüber Sorgen machst, dann kann ich dich beruhigen. Ich bin auf dem besten Wege.« Ich ging zu ihm hin und umarmte ihn. Ich wusste es wirklich zu schätzen, dass er sich um mich so große Sorgen machte.

»Tatsächlich haben Sie zwei Fragen gestellt, stimmt's, Mike?«, sagte Rock. »Die eine ist persönlicher Natur und die andere hat einen mehr fachlichen Hintergrund, oder?«

»Danke, Rock, dass Sie das so gut ausgedrückt haben«, gab ich zur Antwort, dankbar für die elegante Überleitung. »Ich arbeite für viele Kunden und ich muss allen betriebswirtschaftlichen Nutzen liefern, unabhängig von der weltanschaulichen oder geistlichen Orientierung des Kunden, sofern er überhaupt eine hat. Ich muss Prinzipien und Maßnahmen anbieten und fördern, die in ganz unterschiedlichen Szenarios angewandt werden können und bei allen möglichen Leuten greifen. Einige von ihnen sind einer Religion zugeneigt, auf jeden Fall. Andere orientieren sich an humanistischen Grundsätzen, die mit Religion nichts zu tun haben. Und einige haben nichts als das eine Ziel vor Augen, große und gewinnstarke Unternehmen aufzubauen. Also, ja, meine Frage ist tatsächlich: Funktioniert Serving Leadership auch einfach so?«

»Das Programm funktioniert auch einfach so«, antwortete Vater. Auch Rock nickte bestätigend. »Viele unserer Freunde sind ganz verschiedenen Glaubens«, fuhr Vater fort, »und viele Unternehmen, die entsprechend unserer Prinzipien arbeiten, haben keinerlei religiöse Orientierung.«

»Wir haben Kollegen in Regierungsdienststellen«, ergänzte Rock, »die aus Serving Leadership den größten Nutzen ziehen. Und ich wende das Programm hier in meinem Marinekommando an.«

»Ich fürchte, dass ich deinen Terminplan etwas zu sehr mit religiös orientierten Kollegen befrachtet habe, Mike«, sagte mein Vater lächelnd »Ein Vorrecht des Vaters!«

Rock griff den Faden wieder auf. »Um Folgendes geht es«, sagte er. »Man legt ein großes Ziel auf den Tisch, überzeugt seine Führungskräfte, ›Dienst am Mitarbeiter‹ zu leisten, hat stets hohe Erwartungen, sorgt dafür, dass das eigene Team hinsichtlich Ausbildung, Ressourcen und Handlungsfähigkeit alles hat, was es braucht, und optimiert die eigenen Stärken. Wenn man diese Maßnahmen alle durchführt, kann man Höchstleistungen bringen. Und dies auch, weil diese Vorgehensweise der menschlichen Natur entspricht.«

»Ob mit Religion oder ohne«, warf Vater ein.

»Und ob man mit einem kleinen Team arbeitet, mit einem ganzen Unternehmen oder bezüglich einer großen Stadt«, sagte Rock.

»Und ob man's im ganz privaten Bereich auslebt oder ob man die Prinzipien in großem Maßstab auf Konzernebene anwendet. Auf jeden Fall bewirkt man so großartige Veränderungen für das eigene Leben – und vielleicht erlangt es sogar geradezu nationale Bedeutung«, ergänzte Vater. »Am allerbesten ist es natürlich, wenn man beides macht.«

Beide Männer schwiegen.

»Aber du selbst sollst dich in deinem eigenen Leben nicht von Gott lossagen, Mike«, begann Vater wieder. »Das sagt dir dein Vater. Serving Leadership verlangt tiefe Demut und den Willen, sich selbst dem Wohl anderer zu widmen. Ich bete darum, dass du etwas in dir zur Wirkung kommen lässt, das größer ist als du selbst.«

»Einen besseren Rat als den Ihres Vaters können Sie nicht bekommen«, sagte Rock ernst. »Wirkliche und große Führungspersönlichkeiten finden in schwierigen Situationen zu sich selbst.«

»Herr Admiral, Vater«, sagte ich, »Sie haben, Ihr beide habt meine Fragen und noch ein paar mehr beantwortet. Auch mit meinem Leben möchte ich dazu beitragen, etwas zum Guten zu verändern. Und ich möchte vielen, vielen anderen Menschen ebenfalls dazu verhelfen, sich in ihren Führungspositionen auszuzeichnen, damit auch sie etwas verändern können. Danke!«

»Das gefällt mir, Mike«, sagte der Admiral und stand auf. »Aber darf ich Ihnen noch einen Rat geben?«

»Sicher«, sagte ich und stand ebenfalls auf, um es ihm gleichzutun.

»Nenne mich für immer Rock!«, sagte er mit einem breiten Grinsen.

»Rock«, antwortete ich und nickte bestätigend.

Der Admiral drückte mich kräftig an seine Brust.

Ich nahm mein Notizbuch an mich, mit all seinen fast unleserlich hingekritzelten Notizen, mit den vielen Seiten mit Rocks Bemerkungen, die so gut wie wortwörtlich festzuhalten ich mich bemüht hatte, und mit zahlreichen Randbemerkungen. Mir war klar, dass es eine Menge Arbeit machen würde, das später alles auszuarbeiten. Gar nicht zu reden von der Aufgabe, das alles tatsächlich auch zu leben. Im Vergleich dazu erschien das Ausarbeiten wie ein Kinderspiel.

Ich sah meinen Vater an, der sich noch nicht von seinem Sitz erhoben hatte. Er erwiderte meinen Blick mit Augen, die plötzlich einen müden Ausdruck hatten. Aber auch einen zufriedenen Ausdruck.

Rock wollte noch ein paar abschließende Minuten mit meinem Vater verbringen, und ich nutzte die Gelegenheit, mir noch einmal durch den Kopf gehen zu lassen, was ich heute alles gehört hatte, was es für mein eigenes Leben bedeutete, und auch das, was mir noch immer Kopfzerbrechen bereitete.

Im Wagen stellte ich Vater die eine, noch offene Frage. In Anbetracht meiner eigenen Erfolgs- und Erfahrungsgeschichte: Taugte ich selbst wirklich zum Serving Leader? Er wusste genau, was ich hören wollte.

»Wir alle haben unsere Fehler gemacht und jede Menge Zeit und Talent verschwendet, Mike«, sagte er und er beugte sich zu mir herüber und legte eine Hand auf meinen Arm.

»Aber Fehler sind nicht das Problem. Was wir aus ihnen machen, darum geht es.«

Ich nickte.

»Wir alle haben dreierlei zu Auswahl«, fuhr er fort. »Erstens können wir so tun, als sei alles immer bestens gewesen. Wenn wir uns dazu entschließen, dann müssen wir unsere ganze Zeit darauf verwenden, eine Fassade aufzubauen und vor den Menschen so zu tun, als hätten wir alles geschafft, und Entschuldigungen für unser bedeutungsloses Leben zu erfinden.«

Papa schwieg und ließ mir Zeit, an die langen Jahre zu denken, in denen ich genau das gemacht hatte.

»Wir machen uns kleiner, wenn wir das tun, Mike. Vor uns selbst können wir diese Einstellung zwar rechtfertigen, aber für andere Menschen sind wir nutzlos. Zweitens – und das ist genauso schlimm – können wir uns durch Jammern und Selbstmitleid zerstören. Wir haben dann einen zu großen Teil unseres Lebens verschwendet, es ist dann zu spät, um noch einmal auf die richtige Bahn zu kommen, und wir verdienen dann auch gar keine neue Chance mehr, wirklich groß und stark zu werden.«

Dieses Bild, so begriff ich, passte sogar noch besser zu mir als das erste. Vater hatte meinen elementaren inneren Kampf kurz und bündig beschrieben.

»Auch das ist falsch und macht uns nur klein. Was sollte eine unterwürfige, selbstgeißlerische Seele für jemand anderen bewirken können?«, fragte er. Doch die Frage beantwortete sich von selbst.

»Und drittens, Papa?«, fragte ich und versuchte verzweifelt zu verbergen, wie dringend ich auf eine bessere Alternative wartete.

Vater drückte meinen Arm. »Bitte um Vergebung für die Vergangenheit, Mike. Und dann ergreife deine Zukunft mit allem, was du hast und kannst. Schließe dich dem Team an!«

Ich war mir nicht im Klaren darüber, ob er mir jetzt die dritte Antwort gegeben hatte oder einen Befehl.

Mir war beides recht. Ich war bereit.

Der Serving Leader

Ali hatte mir vorgeschlagen zu versuchen, das Berufsbild des Serving Leader zu beschreiben. Obwohl jetzt schon beinahe zwei Monate verstrichen sind, seit ich dieses Tagebuch abgeschlossen habe, finde ich jetzt beim Wiederlesen bestätigt, dass ich dort die wichtigsten Elemente dessen, was mir von meinem Vater und seinen Freunden vermittelt worden ist, ganz gut zusammengefasst habe – genauer von *meinen* Freunden, die sie ja jetzt sind. Natürlich muss vieles noch untermauert und genauer ausgeführt werden, aber bis jetzt hatte ich wirklich nicht die Zeit dafür. Aber jetzt will ich es versuchen.

    Hallo Papa! Schau dir's an!

SERVING LEADERS

- *Einem großen Ziel verpflichtet sein,* indem man seinem Team, seinem Unternehmen oder seiner Gemeinschaft ein »Wofür?« vor Augen hält, das so leuchtend und groß ist, dass es das Beste in jedem sowohl braucht als auch weckt.
- *Die Pyramide auf den Kopf stellen,* das heißt das konventionelle Managementdenken revolutionieren. Man begibt sich selbst an den Fuß der

Pyramide und setzt die Energie, die Begeisterung und die Talente des Teams, der Firma oder der Gemeinschaft frei.

- *Die Latte höher legen*, höhere Maßstäbe setzen, indem man bei der Auswahl der Führungskräfte scharf selektiert und indem man hohe Erwartungen stellt und hohe Leistungsstandards festsetzt. Auf diese Weise wird im Team, in der Firma, in der Gemeinschaft eine Kultur der Leistung gefördert und etabliert.

- *Den Weg bahnen*, indem man anderen Menschen die Grundsätze und Praktiken der Serving Leaders beibringt und indem man Hindernisse auf dem Weg zum Ziel aus dem Weg räumt. Diese Maßnahmen vervielfachen die Wirkung eines Serving Leader, weil sie die Führungskompetenzen Schritt für Schritt aktivieren.

- *Auf die Stärken setzen*, das heißt jede Person im Team, in der Firma und in der Gemeinschaft für das einsetzen, was sie am besten kann. Das erhöht die Leistung eines jeden und macht Teams stärker und geschlossener, weil es die Stärken vieler Einzelner addiert.

Die ganze Zeit schon, seit ich mit diesem Projekt zu tun habe – vom allerersten Tag im Pyramid Club bis zum letzten Tag mit Rock im Krähennest –, habe ich immer wieder Notizen über die Widersprüche, die Paradoxien des Serving Leadership gemacht. Vater hatte mich dringend gebeten, auf sie zu achten, und je mehr ich darauf achtete, desto mehr sah ich auch. Was sagst du zu diesen Widersprüchen, Papa? Keine schlechte Liste, oder?

DER SERVING LEADER – EIN WIDERSPRUCH AN SICH UND IN SICH!

Einem großen Ziel verpflichtet sein
Um so viel Gutes wie möglich zu tun, muss man nach dem Unmöglichen streben. Den größten Nutzen für sich selbst erhalten, indem man sich für Ziele jenseits des Eigennutzes einsetzt.

Die Pyramide auf den Kopf stellen
Man qualifiziert sich dafür, der Erste zu sein, indem man andere Menschen Erster sein lässt. Man hat die Verantwortung vor allem deswegen, um anderen Verantwortung zu übertragen.

Die Latte höher legen
Um vielen zu dienen, dient man zuerst nur wenigen. Der beste Durchgriff nach unten bedingt eine fordernde Verantwortung nach oben – man fördert am besten, indem man viel fordert.

Den Weg bahnen
Um den eigenen Wert zu halten, muss man alles weggeben. Das größte Hindernis ist das, das einen anderen Menschen behindert.

Auf Stärken setzen
Um seine Schwächen zu schwächen, muss man sich auf seine Stärken konzentrieren. Man kann nicht der Beste werden, wenn es andere nicht auch können.

Ich glaube nicht, dass ich noch mehr schreiben muss. Vielleicht nur noch, dass ich mir wünschte, mein Vater *könnte* diese Zeilen lesen.

Er starb vor einem Monat. Seitdem bin ich gut damit beschäftigt, mein Leben neu zu ordnen. Ich habe auch eine Menge Zeit damit verbracht, mehr oder weniger herumzuhängen – mit Charlie und meiner Truppe in Boston ein bisschen, mit meinen Freunden in Philadelphia etwas mehr, mit Mama ziemlich viel, und am meisten mit mir ganz allein. Es gibt gerade jetzt so viel, worüber ich nachdenken muss, so dass ich diesen Lebensabschnitt nicht so schnell durchmessen kann. Ich nehme lieber den Zug als den Jet.

Ich vermisse meinen Vater.

Ich schreibe diesen Satz hin, und er sieht so aus, als hätte ich ihn so oder so ähnlich mein ganzes Leben lang hingeschrieben. Außer, dass es jetzt ganz anders ist. Früher habe ich meinen Vater immer vermisst, wollte wissen, was er von mir hielt, ob er stolz auf mich war. Ich wollte wissen, ob er mich liebte. Ich hatte ihn buchstäblich vermisst. Unsere beiden Leben hatten sich nicht berührt, waren nicht miteinander verbunden.

Jetzt aber vermisse ich es, mit jenem Mann zusammen zu sein, mit dem ich eigentlich mein ganzes Leben lang tief verbunden war. Ich vermisse den Mann, der mich genau kannte und mich außerordentlich liebte. Tatsächlich habe ich nicht mehr das Gefühl, ich hätte irgendetwas verpasst, wenn man das so sagen kann. Vater und ich haben das zu Ende gebracht, was zu Ende gebracht werden musste, und nun habe ich noch ein ganzes Leben vor mir und kann versuchen, mich seines Lebens – und meines eigenen natürlich – würdig zu erweisen. Ich vermisse ihn, aber er ist mir sehr sehr nahe.

Vater verfiel dann sehr schnell nach unserem Tag mit Rock. Seine Zeit war gekommen, und ich glaube ehrlich, dass er das Gefühl hatte, das große Rennen sei jetzt gewonnen – sein lebenslanger Sprint zum Zielband, Bauch flach und Brust vor! Jede wache Stunde verbrachte ich in diesen dreieinhalb Wochen noch mit ihm, und auch viele Stunden zur Nachtzeit im Krankenhaus. Mutter und ich begingen seinen siebzigsten Geburtstag an seinem Bett. Eine stille Feier. Vater war an diesem Tag noch zeitweise bei Bewusstsein, zeitweise nicht, und Mutter und ich waren entschlossen, den letzten Augenblick nicht zu verpassen. Wenn Vater bis zum Schluss stark blieb, dann blieben wir's auch!

Robert Taylor Wilson. 27. Juli 1933 – 3. August 2003. Er hinterließ seine Frau, 47 Jahre alt, Margaret Shoemaker Wilson aus Philadelphia, Pennsylvania, und seinen einzigen Sohn, Robert Michael Wilson aus Boston, Massachusetts.

Es ist bemerkenswert, wie wenig am Schluss übrig bleibt.

Seinem Wunsch gemäß war auf seinem Grabstein hinzugefügt: ›Ein Serving Leader, Matthäus 20, 25-28‹. Ich schlug es nach.

ABER JESUS RIEF SIE ZU SICH UND SPRACH: »IHR WISST, DASS DIE HERRSCHER IHRE VÖLKER NIEDERHALTEN, UND DASS DIE MÄCHTIGEN IHNEN GEWALT ANTUN. SO SOLL ES NICHT SEIN UNTER EUCH; SONDERN WER UNTER EUCH GROSS SEIN WILL, DER SEI EUER DIENER, UND WER UNTER EUCH DER ERSTE SEIN WILL, DER SEI EUER KNECHT, SO

WIE DER MENSCHENSOHN NICHT GEKOMMEN IST, DASS ER SICH DIENEN LASSE, SONDERN DASS ER DIENE UND GEBE SEIN LEBEN ZU EINER ERLÖSUNG FÜR VIELE.«

Ein Korrektur ist allerdings erforderlich: Robert Michael Wilson aus Boston, Massachusetts – das stimmt nicht mehr. Es muss jetzt heißen: Robert Michael Wilson aus Philadelphia, Pennsylvania – oder Greenwood, um ganz genau zu sein. Dorothy Hyde und ich wurden uns über bescheidene Büroräume in Aslans neuer Niederlassung in Greenwood einig, für mich und einige Mitarbeiter meiner Firma. Ich praktiziere meine neuen Fähigkeiten bei der sorgfältigen Auswahl von Personal, dem Serving-Leader-Modell entsprechend. Mit Charlies Segen haben wir unsere neue Abteilung *Entwicklung von Führungsstrukturen* in diesem Büro angesiedelt, und es ist mir auch gestattet worden, in der ganzen Firma Gespräche zu führen, um Teamchefs auszuwählen, denen das Serving-Leader-Modell gefällt.

Wir sind entschlossen, unsere Kunden an die Prinzipien heranzuführen, wie sie von den Dorothy Hydes und Admiral Butlers dieser Welt praktiziert werden. Meine neue Mannschaft folgt mir in diesem Entschluss. Wir haben inzwischen weiter an unserem auf den Kopf gestellten Führungsmodell gearbeitet – der Serving-Leader-Pyramide. Hier ist das Bild, das wir verwenden, ergänzt um die Verpflichtung auf ein großes Ziel.

Als Reaktion auf Rocks Forderung habe ich für mich entschieden, jenen Führungskräften zu dienen, die in ihren Firmen und Gemeinden und Gemeinschaften Serving Leaders werden wollen. Alles zusammen ist für mich jetzt wie ein harter Kristall: Vaters Vorbild, Rocks Forderung und all die Inspiration, die ich von Dorothy Hyde bekommen habe. Ich habe meine Herzenssache gefunden.

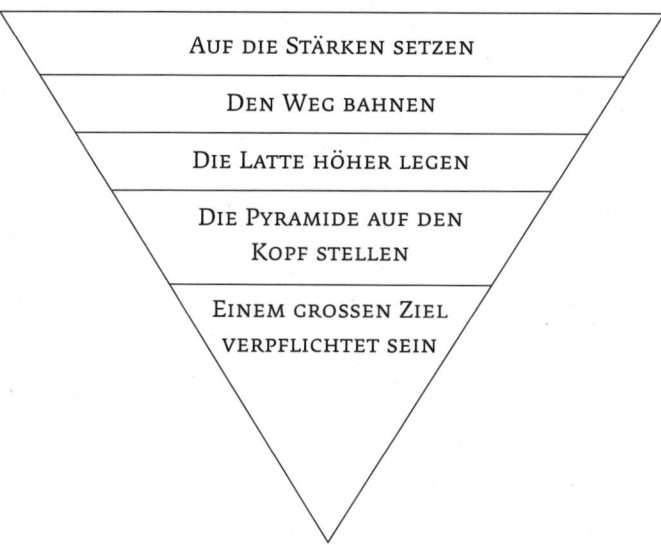

Greenwood kommt uns auf bemerkenswerte Weise zugute. Es ist für mich und meine Mannschaft wie ein lebendes Laboratorium, der beste Ort, den wir finden konnten. Hier sind genau die Prinzipien, die wir lehren und vermitteln wollen, inmitten einer Stadtgemeinde zu finden. Vater hat Greenwood als »unsere größte Hoffnung« bezeichnet, und jetzt begreife ich auch, was er damit gemeint hat.

Neuerungen verbreiten sich in Orten wie Greenwood schnell. Mit der Freiheit, die man nur hat, wen man »nichts zu verlieren« hat, verwirklichen Serving Leaders wie Dorothy Hyde ihre Prinzipien und verwirklichen sie in ihrer praktischen Arbeit. Misserfolge sind erlaubt. Experimente, Neuerungen und Beharrlichkeit sind ihr Lebenselixier. Diese Qualitäten sind ihre Rohstoffe. Gibt es einen besseren Ort, um seiner Zeit weit voraus zu sein?

Es gibt natürlich auch noch andere Gründe, hier zu sein. Mutter braucht mich. Mein Ruf als Serving Leader steht auf dem

Spiel, die Frage ist, ob ich als ihr Sohn auch für sie ein Serving Leader sein kann. Das ist nicht mehr als recht und billig.

Und, ja, ja, da ist auch noch Anna. Ja, sie ruft immer noch an und schaut vorbei. Und, ja, auch ich rufe an und schaue bei ihr rein. Und, na ja, wir werden sehen. Mehr möchte ich darüber eigentlich nicht sagen. Wenn Vater dies lesen würde, da bin ich sicher, würde man jetzt sein typisches Schnauben hören können.

Und schließlich und endlich ist das hier auch mein Geburtsort, und im wahrsten Sinne des Wortes auch der Ort meiner zweiten Geburt. In Boston hatte ich eine Wohnung, ein Büro und Flugverbindungen zu allen möglichen Orten, die miteinander nichts zu tun hatten. Das war gut und schön. Ich habe nicht alles hinter mir gelassen. Ich meine, dass niemand von mir erwarten kann, meine ganze Ausbildung und Erfahrung zu vergessen und zu vergeuden. Ich bin Unternehmensberater, und zwar ein ziemlich guter. Ich möchte auf dem, was gewesen ist, aufbauen statt es wegzuwerfen.

Aber in Philadelphia, in der Stadt und ihrer Gesellschaft, liegen meine Wurzeln, hier bin ich eingebettet in wichtige Beziehungen, und das ist genau das, was ich will!

Hallo, Vater, ich stelle mir gerade vor, dass du vielleicht doch alles liest, nur um zu wissen, wie es ausgeht. Charlie hat mir dazu geraten, dieses Tagebuch zu schreiben, um daraus vielleicht etwas für unsere Kunden Nützliches zu entwickeln. Vielleicht machen wir das auch wirklich noch. Aber ganz ehrlich gesagt, Vater, kann ich mir keine größere Befriedigung vorstellen als jene, die ich empfand, als ich dich einige dieser Seiten lesen sah. Ich sah es in deinen Augen – deine Liebe für mich und die Werte, die du meinem Leben gegeben hast.

Also, Papa, vielen Dank. Du bist ein großes Rennen gelaufen. Und ich werde das weiterführen, was du begonnen hast.

Danksagung

Es ist kaum möglich, all den Serving Leaders, Autoren, Rechercheuren, Freunden und Verwandten, die uns Informationen beschafft, uns inspiriert und uns mit ihrer Liebe geholfen haben, gebührend zu danken. Die Geschichte der Bürger- und Menschenrechtsorganisation *Focus: HOPE* hat uns zu der Ausarbeitung der Aslan-Passagen inspiriert. Unter der Leitung ihrer Mitgründerin Eleanor Josaitis begann *Focus: HOPE* 1968 als Reaktion auf die Gewalttätigkeiten in Detroit mit der Arbeit. In Zusammenarbeit mit Gesellschaften und Universitäten bietet *Focus: HOPE* den Kindern und Jugendlichen der Ärmsten der Stadt landesweit anerkannte technische Ausbildung und Erziehung an. *Focus: HOPE* ist auch entscheidend an Gemeindeentwicklungsprojekten beteiligt, engagiert sich in der Kunstförderung und betreibt auf ihrem Gelände im Herzen der Stadt ein Kinderwohlfahrtszentrum. Besuchen Sie die Gruppe im Internet unter www.focushope.edu.

Die *Amachi Initiative* inspirierte uns zu der Darstellung des Betreuungsprogramms für die Kinder von Sträflingen. Gegründet und geleitet von dem früheren Bürgermeister Philadelphias, Reverend Dr. Wilson Goode Sr., hat *Amachi* Kirchengemeinden, das *Big-Brothers-/Big-Sisters*-Programm, das *Center for Research on Religion and Urban Civil Society* und das *Robert A. Fox Leadership Program* an der University of Pennsylvania zusammengeführt. *Ama-*

chi durchbricht den Teufelskreis der Hoffnungslosigkeit, in dem viele Kinder von Strafgefangenen stecken, für die es kaum eine andere Zukunft gibt, als selber in einem Gefängnis zu landen. Mehr über *Amachi* erfährt man unter www.ppv.org.

Leadership Foundations of America (LFA) inspirierte uns bei der Darstellung des ›Teams ohne Namen‹. Gegründet und geführt von Reid Carpenter, arbeitet LFA in dutzenden von Städten, um Manager aus allen Bereichen zusammenzubringen, die sich der Lösung der drängendsten Probleme unserer Gesellschaft widmen: der Armut, der Ungerechtigkeit und der menschenunwürdigen Erniedrigung. Um nur ein Beispiel zu nennen: *Fresno, Califomia's No-Name Fellowship* und die *One by One Leadership Foundation* praktizieren die Prinzipien, die in diesem Buch dargestellt werden, auf exemplarische Weise. Mehr dazu unter www.LFofA.org.

Ein besonderer Dank geht an Ken und Margie Blanchard für ihre Freundschaft und für ihre geradezu pionierhafte Vision, das Potenzial und die Stärken von Menschen und Organisationen für das Gemeinwohl freizusetzen. Die Blanchards führen eines der einflussreichsten Vollservice-Management-Beratungsunternehmen der Welt (www.kenblanchardcompanies.com). Mit seinem Freund Phil Hodges hat Ken exemplarisch eine Serving-Leadership-Initiative gegründet, deren Ziel es ist, Menschen beizubringen, »wie Jesus« zu führen (www. faithwalkleadership.org).

Bob Buford, der Autor von *Halftime,* hat eine überall in den USA aktive Bewegung zahlreicher erfolgreicher Männer und Frauen gegründet, die wie Mike Wilson das Gefühl haben, sie hätten ihrem Leben noch keinen besonderen Sinn gegeben. Bob hat uns als Freund und Ideengeber besondere Dienste bei der Verfassung dieses Buches geleistet. Besuchen Sie Bob auf www.halftime.org.

Lange bevor Bruce Wilkinson sein grundlegendes Buch, *The Prayer of Jabez,* schrieb, war der anglikanische Priester Samuel

Moor Shoemaker nach Pittsburgh gezogen und hatte eine Laienpredigerbewegung inspiriert, die sich *The Pittsburgh Experiment* nannte. Er baute auf seiner früheren Pioniertätigkeit in New York City mit Anonymen Alkoholikern und der Gruppe *Faith at Work* (www.faithatwork.com) auf und versammelte in den Fünfzigerjahren Geschäftsleute aus allen Branchen um sich und lehrte sie beten – und auch, etwas Sinnvolles für die Stadt zu tun. Sie kann man unter www.pghexp.org besuchen. Ohne diese Aktion aus den Fünfzigerjahren in Pittsburgh wäre dieses Buch nie entstanden.

Obwohl alle Figuren in unserer Geschichte rein fiktiv sind, weisen einige doch gewisse Ähnlichkeiten mit Freunden auf, die uns inspirierten. Dazu gehören Newt Crenshaw, Bill Dempsey, Craig Esterly, Ali Hanna, W. Wilson Goode, Eleanor Josaitis, Ali Walker, und Doug Wilson – allesamt Serving Leaders. Einige der positiven Charaktereigenschaften unserer Figuren können getrost auf diese Personen zurückgeführt werden. Charakterschwächen, wie sie in der ein oder anderen Geschichte zu Tage treten, sind aber ausschließlich den Autoren geschuldet.

Wir danken Jim Collins für seine beispiellose Recherchearbeit und für sein jüngstes Buch, *Good to Great: Why Same Companies Make the Leap and Others Don't*. Collins' Recherche hatte vor allem Einfluss auf die Darstellung der hohen Effektivität des Serving-Leadership-Konzeptes. Noel Tichy und Andy McGill demonstrieren die Wirkung »vermittelbarer Prinzipien« durch das *Global Leadership Program* der University of Michigan.

Unser Freund und Berater Dr. Alistair Hanna hat uns großzügig unterstützt und uns Einblicke in sein anregendes Leben gestattet. Als zuverlässiger Berater zahlreicher Unternehmen, die zu den größten 500 des Magazins *Fortune* zählen, hat er eine legendäre Karriere aufgebaut, die bis in die Spitze von McKinsey and Company führte. Er gab sich damit aber nicht zufrieden und gründete schließlich *Alpha North America*, eine Institution, die Menschen hilft, den Sinn des Lebens zu finden. *Alpha* bietet Menschen aus allen Schichten Seminare an, um den Wert und die Bedeutung des Christentums zu erfahren und einen praktischen Weg zu finden, der zu einem innigen Verhältnis zu Jesus Christus führt. Die Seminare werden auf dem ganzen amerikanischen Kontinent angeboten und haben bisher mehr als eine Million Menschen erreicht. Mehr über *Alpha* auf www.alphausa.org.

Zu den Mentoren, Freunden und Kunden, die uns immer wieder unterstützt haben, gehören Ray Bakke, Bryan Barry, Harold Bauman, Titus Bender, Bruce Bickel, Justin Brown, Greg Bunch, Charles Butler, Kevin Butler, Reid Carpenter, Terry Collier, Mary Crimmins, Andrea Cruz, Lisa Cummins, George Francis, Nelson Good, Ginger Graham, Terri Lyn Greene, Rosie Grier, Brad Henderson, John Hirt, Dick Johnson, Scott Keffer, Jessica King, James Lapp, Larry Lenihan, Doug Lind, Alec Litowitz, Russ Lloyd, Deb Magness, Glenn Main III, Sharyn Materna, Colvin McCrady, Tom McGeHee, Judy Messina, Kurt Miller, David Mosey, Jim Mudd, Marilyn Mulvihill, Paul Olson, Bill Pasmore, Karen Plavan, Jace Ransom, Don and B. J. Russell, Paul Schaut, Arden Shank, Amy Sherman, Kirk Shisler, Marisa Smucker, H. Spees, Bill Starr, Dale Stoltzfus, Lynn Summers, Lisa Thorpe-Vaughn, Don Uber, Rick Wellock, Terry White und Tom Wilson – um nur einige zu nennen.

Dank an Dr. George Brushaber (Bethel College) und Dr. James Dittmar (Geneva College) für die Vision und den Mut, Serving Leadership für die Ausbildung von Führungskräften zu nutzen.

Valerie Andrews, Beverly Butterfield, Sharon Goldinger, Tom Heuerman, Chris Lee, Catherine Nomura, Perry Pascarella und ganz besonders Steve Piersanti haben das Manuskript mehrfach und mit unglaublicher Hingabe gelesen und es dadurch verbessert. Das ganze Team von Berrett-Koehler, unter der Leitung von Steve Piersanti, ist ein Beispiel für die Prinzipien, denen wir in diesem Buch nachgegangen sind. Wir hoffen, dass sie die Früchte ihrer Arbeit ernten können!

Liebe und ewiger Dank an Milonica, Johns Lebenspartnerin und Mutmacherin, besonders in der anstrengenden Zeit des Schreibens, aber auch überhaupt. Und an die Töchter Emma und Clara dafür, dass sie jeden Tag aufs Neue eine deutliche und glückliche Antwort geben auf die Frage nach dem »Warum?«.

Zahlreiche Anmerkungen, Hinweise und Anregungen hat Kens Familie beigesteuert, als er sich daranmachte, das Herz eines Serving Leader zu verstehen.

Segenswünsche und alles Liebe für J. J., David, Matt, und Sara. Heather sorgt dafür, dass Ken reisen und arbeiten und ein Leben führen kann, das es wert ist, gelebt zu werden.

Während dieses Buch erarbeitet wurde, hat Kens Vater, ein Weltkriegsveteran und über 70 Jahre alt, ein Team von Gemeindemitgliedern aufgestellt, das Wohnungen rund um New Yorks »*Ground* Zero« wieder in Ordnung bringt. Ein Dienst wie dieser ist ein Beispiel dafür, wie sich wahre Führungspersönlichkeiten einer Herausforderung stellen und das Notwendige einfach tun. Alles Liebe und Gute für Mutter und Vater.

Strategische Hilfsmittel

VentureWorks
Gegründet vom Koautor dieses Buches, Ken Jennings, bietet VentureWorks sowohl für Unternehmen als auch für Non-Profit-Organisationen Consulting- und Coachingmaßnahmen an. Das VentureWorks-Programm offeriert effektive Methoden zur Strategieumsetzung, für das Führungskräftetraining und für die Führungs- und Teamentwicklung. Die VentureWorks-Methode ist einzigartig in ihrer Integration der Serving-Leadership-Grundsätze in Spitzenprogramme zur Organisationseffektivität.
Ken.Jennings@VentureWorks.org; www.ventureworks.org

Center for FaithWalk Leadership
Das Center for FaithWalk Leadership wurde von Ken Blanchard und Phil Hodges gegründet, um Menschen dazu zu bringen und zu befähigen, »wie Jesus« zu führen. Die Devise: Arbeite mit jenen, die du beeinflusst, auf eine Weise, die sowohl Gott wie den Einzelnen ehrt. Erfahre, wie eine neue Perspektive auf ein altes, bewährtes Führungskonzept dich sowohl verändern als dir auch die Ergebnisse bescheren kann, die du in deinem Kirchenamt oder deiner Firma schon immer erreichen wolltest.
www.faithwalkleadership.org

HalfTime
Halftime.org ist ein interaktives Medium, das von Bob Buford, dem Autor von Halftime, angeboten wird. Es wurde entwickelt, um die Teilnehmer von HalfTime-Kursen auf wertvolle Informationen, persönliche Berichte und wichtige Quellen (Newsletters, empfehlenswerte Bücher, Artikel und Veranstaltungen) aufmerksam zu machen und um all jenen weiterführende Informationen zu geben, die etwas Bedeutsames vorhaben.
www.halftime.org

The Strategic Coach Inc.
Strategic Coach bietet Unternehmern praktische Hilfsmittel und Strategien an, mit denen sie sich auf ihre spezifischen Fähigkeiten und Ziele (und auf die ihrer Mitarbeiter!) konzentrieren können, um persönlich und beruflich bahnbrechende Ergebnisse zu erreichen. Unternehmer und ihre engsten Mitarbeiter lernen, große Ziele zu setzen und zu erreichen, ihre Fähigkeiten zu bündeln und anderen zu vermitteln sowie Hindernisse zu überwinden. *Strategic Coach* ist eine weltliche Organisation mit Angeboten und Programmen für alle, die unternehmerisch denken.
www.strategiccoach.com

Pittsburgh Leadership Foundation
Gegründet 1978 als eine auf dem christlichen Glauben basierende Organisation, arbeitet die *Pittsburgh Leadership Foundation* (PLF) mit Führungskräften der Wirtschaft, der Verwaltung und von gemeinnützigen Organisationen zusammen, um sich um jugendliche Drogenabhängige, Strafgefangene und Mittellose zu kümmern. PLF ist auch die Dachorganisation des *Council of Leadership Foundations*, einer in 50 Städten aktiven, auf dem christlichen Glauben basierenden Arbeitsgemeinschaft, die Hilfsorganisationen unterstützt. www.plf.org

Coaching

CoachWorks® International Corporation
CoachWorks ist eine Gruppe von Managementtrainern, die Führungskräfte speziell in den Bereichen »Wechsel im Management«, »Synergieeffekte im Team« und »Management in sich ändernden Märkten« trainiert. Das Programm ist insbesondere mit *Legacy Leadership*, dem umfassenden CoachWorks-Führungsmodell, auf die kontinuierliche Steigerung der Produktivität orientiert.
www.legacyleadership.com; www.coachworks.com

Performaworks
Performaworks bietet zielorientierte Leistungsmanagement-Software an, mit der sich die Fähigkeit Ihres Unternehmens zur Leistungsorientierung grundlegend verbessern lässt. www.performaworks.com

TheGiftednessCenterᴿᴹ
Wer überlegt, welche Möglichkeiten die zweite Lebenshälfte bietet, sollte sich fragen: »Was passt zu mir?« Bill Hendricks und *TheGiftednessCenter* verfügen über eine lange Erfahrungen, Führungskräften bei der Definition ihres »Herzenswunsches« zur Seite zu stehen und sie dabei zu beraten, worauf sie ihre Energie konzentrieren sollten. Sie helfen auch – und das ganz vorzüglich – bei der Beantwortung der Frage nach der richtigen Teamzusammenstellung: »Wen brauche ich noch, um wirklich effektiv zu sein?« www.thegiftednesscenter.com

Marketplace Ministries
Seit 1984 bietet *Marketplace Ministries*, das seinen Hauptsitz im texanischen Dallas hat, seinen 257 Unternehmenskunden von Kalifornien bis Massachusetts Amerikas erstes und größtes *Employee Care Program* (ECP) an. Dieses Seelsorgerprogramm für Firmen bietet geistliche Betreuung für mehr als 250 000 Arbeiter und ihre Familien. Rund 1250 Arbeiterpfarrer besuchen wöchentlich 900 Fabriken in 359 Städten in 35 Staaten. Ihre Arbeit ist seelsorgerisch – und ihre Seelsorge hilft den Menschen, ihre Arbeit zu tun. www.marketplaceministries.com

OnCourse International
OnCourse International betreut Führungskräfte und Freiberufler, die mit Midlife-Problemen zu tun haben. Jim Warner, Gründer und Schulungsleiter, stand früher selbst in Führungsverantwortung, kann deswegen die Probleme von Führungskräften verstehen und ihnen Mut machen, sich einem bevorstehenden Wechsel zu stellen. Und er hilft ihnen dabei, ihre persönliche Lebensplanung entsprechend zu gestalten.
www.oncoursein.com

Pathfinders
Sind Sie bereit, Ihr Leben selbst in die Hand zu nehmen und zu gestalten? Wollen Sie einen Job »von der Stange« oder wollen Sie etwas Einzigartiges schaffen? Heutzutage ist es möglich, eine berufliche Karriere mit einem Beitrag zur Verbesserung unserer Welt zu verbinden. Seit 1991 hat *Pathfinders* tausende von Menschen bei der Berufswahl fachmännisch beraten und begleitet sowie Tests zur Ermittlung der eigenen Fähigkeiten und Beratungsprogramme angeboten. www.pathfinders.org

The WildWorks Group
The WildWorks Group hilft Unternehmen bei der Verbesserung ihrer Unternehmensergebnisse und der Beschleunigung ihrer Entscheidungen. Zudem stärkt sie die Bereitschaft der Menschen, sich mithilfe einer einzigartigen Gemeinschaftserfahrung dem Wandel zu stellen. Sie entwickelt und gestaltet dazu Zwei- bis Dreitage-Veranstaltungen in einem einzigartigen Ambiente. Die Kurse führen dazu, dass die Teilnehmer (zwischen 30 und 100) die in ihnen steckenden Kräfte aktivieren und gemeinsam mehr leisten, als es der Einzelne für sich allein könnte. Dieses Programm kann auf die unterschiedlichsten Notwendigkeiten ausgerichtet werden, angefangen von der Unternehmensentwicklung, über die Markteinführung neuer Produkte bis hin zur Durchsetzung strategischer Initiativen. Die Gruppe bietet dieses Angebot für Unternehmen, Initiativen und Organisationen. www.wildworksgroup.com

Angebote zur Finanz- und Lebensplanung

The Main Point LP
Der Auftrag von *Main Point LP* besteht darin, Persönlichkeiten mit hohem Leistungspotenzial in die Lage zu versetzen, ihren wahren Wert zu erkennen und ihr Potenzial freizusetzen. Dieses Potenzial soll dann dazu dienen, einen kreativen Beitrag für Veränderungen in allen möglichen Bereichen zu leisten. www.TheMainPointLP.com

Wealth Transfer Solutions, Inc.
Sie sind ein Philanthrop, ob Sie es wissen oder nicht. Denn Steuern sind eine Art von Menschenliebe: unfreiwilliger Philanthropie – so *Wealth Transfer Solutions*, das reichen Persönlichkeiten, Familien und Unternehmensinhabern hilft, das Finanzamt zugunsten ihrer Familien und wohltätiger Zwecke zu enterben. *Wealth Transfer Solutions* bieten Klarheit, Scharfblick, Einfachheit und Ergebnisse – durch umfassende Vermögensplanung und -verwaltung. skeffer@preserve-wealth.com

Ronald Blue & Co.
Ronald Blue & Co. ist eine ausschließlich auf Erfolgsbasis tätige Firma zur persönlichen Finanz-, Immobilien- und Investmentberatung. Sie unter-

stützt ihre Kunden durch proaktives und verantwortungsbewusstes Management ihres Vermögens in einer Weise, die sie ihren Seelenfrieden genießen lässt. www.ronblue.com

Oxford Financial Group
Die Oxford Financial Group bietet Institutionen, gemeinnützigen Organisationen, Pensionseinrichtungen, Familien und Persönlichkeiten eine unabhängige Investmentberatung an. www.oxfordgroupltd.com

Trainingszentren und Institute

The Greenleaf Center tor Servant Leadership
Das Greenleaf Center hat es sich zur Aufgabe gemacht, die Qualität aller möglichen Einrichtungen durch eine neue Herangehensweise bezüglich des Führungsstils, der Struktur und der Entscheidungsfindung von Grund auf zu verbessern. Servant Leadership legt besonderen Wert auf den Dienst an anderen Menschen und empfiehlt einen ganzheitlichen Ansatz bei der Gestaltung von Arbeit und Führungsstrukturen. Das Center will den Menschen zu einem neuen Gemeinschaftsgefühl verhelfen und hat für wichtige Entscheidungen ein Konzept entwickelt, das auf einer Art Gewaltenteilung beruht. Gegründet 1964 von Robert K. Greenleaf, Autor des wegweisenden Buchs Servant Leadership, hat das Greenleaf Center Pionierarbeit für das Thema und die weitere Beschäftigung mit Servant Leadership geleistet. www.greenleaf.org

Bethel University
Die neue Bethel School of Leadership, die die Anwendung der Prinzipien von Servant Leadership in der Praxis zum Thema hat, wird derzeit in Bethel aufgebaut. Ziel ist die Schaffung eines neuen und aufregenden Instrumentariums für die Entwicklung der Unternehmensführung, in der das Beste aus den Bereichen Führungscoaching, strategische Führungsunterstützung und Servant Leadership in der Praxis verknüpft wird. www.bethel.edu

Geneva College MSOL
Der Masters-of-Science-Titel in Organizational Leadership (MSOL) am

Geneva College ist für Erwachsene vorgesehen, die bereits in der Arbeitswelt stehen, und wird an verschiedenen Einrichtungen im Großraum Pittsburgh angeboten. Die hier gelehrte Führungsethik bewegt sich im Rahmen der Ideen von Servant Leadership, die sich durch das ganze Curriculum ziehen. www.geneva.edu

Entwicklung des Sektors Gesellschaft und Dienstleistung

Christian Community Development Association
Die *Christian Community Development Association (CCDA)* unterrichtet, trainiert, inspiriert und unterstützt Initiativen, die gefährdete Gemeinden in Großstädten der USA wieder aufbauen. Das Besondere an der Herangehensweise der CCDA ist ihr Plädoyer, den Wiederaufbau an einer auf der Bibel fußenden Philosophie zu orientieren: Der christliche Glaube wird so in die Stadtentwicklungsaktivitäten integriert. Die CCDA wurde 1989 von Dr. John Perkins gegründet und unterstützt derzeit die Arbeit von mehr als 3000 Praktikern der »Christlichen Entwicklung« und mehr als 500 Kirchen und Organisationen. www.ccda.org

Impact Urban America
Impact Urban America (IUA) fördert die Zusammenarbeit zwischen Wirtschaft, Sozialeinrichtungen und christlich orientierten Organisationen, um Einfluss auf die Entwicklung der Stadtzentren in den USA zu nehmen. Der weltberühmte Autor und Berater Ken Blanchard und *Impact Urban America* haben jüngst ein entsprechend orientiertes »Life and job skills leadership and accountability program«, genannt »Training and Development Solutions«, entwickelt. www.impacturbanamerica.com

The Gamaliel Foundation
Die *Gamaliel Foundation* ist ein umfangreiches Netzwerk von multikonfessionellen, multirassischen und multithematischen Organisationen, die zusammenarbeiten, um eine gerechtere und demokratischere Gesellschaft zu schaffen. Die Organisationen des Netzwerks ermöglichen einfachen Leuten, an politischen, ökologischen, sozialen und ökonomischen Entscheidungen mitzuwirken, die ihr Leben betreffen. Das Netzwerk hilft zudem bei der Gründung und Unterstützung solcher Organisationen und

unterstützt diese bei ihren nationalen und internationalen Auftritten. www.gamaliel.org

Leadership Network
Der Auftrag von Leadership Network besteht darin, das Entstehen effektiver Kirchengemeinden in den USA und Kanada zu beschleunigen. Als einflussreiche Führungsorganisation von Kirchen und geistlichen Ämtern anerkannt, macht Leadership Network Ressourcen ausfindig, verknüpft sie und bietet sie Führungspersönlichkeiten und Kongregationen an. Leadership Network ist eine wichtige Adresse für innovative Führungspersönlichkeiten, die neue Kontakte knüpfen wollen und auf der Suche nach Informationen zum Thema »Führung« sind. www.leadnet.org

Konferenzen und Seminare

Serving Leader Workshops
Hier wird gezeigt, wie man die »Fünf durchschlagenden Maßnahmen, die Ihr Team, Ihr Unternehmen und Ihre Gemeinschaft verändern werden« in die Praxis umsetzt. www.theservingleader.com

Leadership Foundations of America Training Institute
Eine jährliche Veranstaltung, die Repräsentanten der Kommunalpolitik und der Kommunalverwaltung mit Führungspersönlichkeiten aus den unterschiedlichsten Bereichen zusammenbringt, um aktuelle Probleme, denen sich die Städte überall gegenübersehen, zu diskutieren. Zu den Themen gehören: Stadtentwicklung, Mittelbeschaffung, wirtschaftliche Entwicklung, Rehabilitation von Strafgefangenen, städtische Jugendarbeit und funktionsübergreifende Zusammenarbeit. www.plf.org

Developing Your Game Plan Workshop
Angeboten von HalfTime, ist der eintägige Workshop darauf ausgerichtet, die Teilnehmer für kritische Fragen zu sensibilisieren, die zur Entwicklung eines optimalen Lebensplans für die »zweite Hälfte« wichtig sind. Der Workshop hilft, Begabungen, Talente, persönliche Berufung und die notwendigen nächsten Schritte zu erkennen. www.halftime.org

Time Out Model
Eine jährliche Veranstaltung in Silicon Valley, die Führungskräfte zusammenbringt, um Gottes einzigartiges Signal für ihr Leben zu erkennen und darüber zu diskutieren, wie man damit umgeht. Die Veranstaltung will Persönlichkeiten eine Plattform bieten, mit gleichgesinnten Menschen über ihr Leben zu diskutieren. Zudem will sie ihnen helfen, Lebensprioritäten zu setzen und ihre Kraft, ihre Talente und Gaben zum Ruhme Gottes und zum Nutzen für die Welt zu vereinen. Die Veranstaltung stellt für andere Städte ein nachahmenswertes Vorbild dar.
duane.moyer@faithworks.net

Second Half Ministries
Eine gute Gelegenheit, um in der Mitte des Lebens, mit dem Ehepartner, Rückschau auf das bisherige Leben zu halten – und um in die Zukunft zu blicken. In drei Wochenend-Foren nehmen die Teilnehmer eine gründliche Analyse dessen vor, was in ihrem Leben bisher geschehen ist, um dann auf dieser Grundlage einen Entwicklungsplan für die zweite Lebenshälfte zu entwerfen. Kontaktaufnahme mit der Gruppe ist möglich unter www.gospelcom.net/navs/secondhalf

Literatur

Anmerkung: Das Literaturverzeichnis führt die deutsche Ausgabe der Bücher auf, die die Autoren von *The Serving Leader* empfehlen. Falls keine Übersetzung vorliegt, ist das Original genannt.

Bennis, Warren: *Führen lernen*. Heyne, München 1990
Blanchard, Ken; Stoner, Jesse: *Full Steam Ahead – volle Kraft voraus. Die Kraft der Visionen*. GABAL, Offenbach 2004
Blanchard, Ken; Hybels, Bill; Hodges, Phil: *Das Jesus-Prinzip*. Gerth Medien, Asslar 2000
Blanchard, Ken; Carlos, John P.; Randolph, Alan: *Management durch Empowerment*. Rowohlt, Reinbek bei Hamburg 1999
Block, Peter: *Stewardship. Choosing Service Over Self-Interest*. Berrett-Koehler, San Francisco 1996
Buford, Bill: *Halftime. Changing Your Game Plan from Success to Significant*. Zondervan, Grand Rapids, Mich. 1997

Collins, Jim: *Der Weg zu den Besten*. DVA, München 2001
Collins, Jim: *Good to Great: Why Same Companies Make the Leap and Others Don't*. HarperCollins, New York 2001
Collins, Jim: *Level 5 Leadership*. Harvard Business School Press, Cambridge, Mass. 2001
Drucker, Peter F.: *Managing the Non-profit Organization*. Harper Business, San Francisco 1992
Drucker, Peter F.: *Management im 21. Jahrhundert*. Econ, München 1999
Gallup, George, Jr.: *Die Mobilisierung der Intelligenz*. Econ, München 1982
Gallup, George Jr.; Proctor, William: *Begegnungen mit der Unsterblichkeit*. Ullstein, München 1990
Greenleaf, Robert K.: *The Power of Servant Leadership*. Berrett-Koehler, San Francisco 1998
Greenleaf, Robert K.: *Servant Leadership*. Paulist Press, New York 1977
Kotter, John P.: *Wie Manager richtig führen*. Hanser, München 1999
Kretzmann, John; McKnight, John: *Building Communities from the Inside Out*. ACTA Publications, Chicago 1993
Manz, Charles C.; Sims, Henry P.: *Unternehmen ohne Bosse*. Gabler, Wiesbaden 1995
Manz, Charles C.: *Jesus als Manager*. Fischer Media, Frankfurt/Main 2001
O'Neil, John R.; Tarcher Jeremy: *The Paradox of Success*. G. P. Putnam's Sons, New York 1993
Senge, Peter: *Die fünfte Disziplin*. Klett-Cotta, Stuttgart 2003
Tichy, Noel, M.; Cohen, Eli B.: *The Leadership Engine*. Harper Business, San Francisco 2002
Tichy, Noel, M.; Cardwell, Nancy: *The Cycle of Leadership. How Great Leaders Teach their Companies to win*. Harper Business, San Francisco 2002
Wheatley, Margaret J.: *Leadership and the New Science*. Berrett-Koehler, San Francisco 2001
Wilkinson, Bruce: *The Prayer of Jabez*. Multnomah Publishers, Sisters, Oreg. 2000

Über die Autoren

Ken Jennings, Ph.D.
Ken Jennings ist Gründer und Geschäftsführender Gesellschafter von *Venture Works*. Sein Hauptarbeitsgebiet ist die wirksame Durchsetzung von Managementstrategien. Er berät Kunden bei der Einführung effektiver Methoden auf den Gebieten Strategieumsetzung, Führungskräftetraining, Führungs- und Teamentwicklung und zu dem Thema Strategiewandel. Er ist außerdem Berater und Dozent an der Management-Akademie der *Bethel University* für das Thema »Serving Leadership«. Bethel widmet sich der Schaffung eines neuen und aufregenden Instrumentariums für die Entwicklung der Unternehmensführung, in der das Beste aus den Bereichen Führungscoaching, strategische Führungsunterstützung und Servant Leadership in der Praxis verknüpft wird.

Ken Jennings hat an zahlreichen städtischen Initiativen mitgewirkt, die auf die Beschleunigung der effektiven Arbeit von Serving Leaders in ihren Gemeinden abzielen. Mit wahrer Leidenschaft betreut er Führungskräfte auf ihrem Weg zu mehr Effektivität – dies auch bezüglich ihrer Persönlichkeitsentwicklung.

Davor war er Partner der Beratungsfirma *Accenture*. Dort arbeitete er im Auftrag führender Unternehmen der USA in den Bereichen Managementwechsel, Strategie, Fusionen, Gesundheitsmanagement, Informationssysteme und Produktivitätsverbesserung.

Noch vor seiner Tätigkeit bei *Accenture* diente er als Offizier und nahm Führungsaufgaben in aller Welt wahr. Derzeit ist er am Aufbau von Technologiegesellschaften im Rahmen der Heimatverteidigung und der biologischen Abwehr beteiligt.

Lehrveranstaltungen hat er am Wheaton College, an der University of Michigan Business School, der Columbia University Business School, der University of Maryland (East Asian Division), dem King's Fund College in

London und dem Technologischen Institut der Luftwaffe durchgeführt. Er ist Koautor von *Changing Health Care: Creating Tomorrow's Winning Health Enterprise* – ein Buch, das die Schlüsselstrategien führender Gesundheitsorganisationen beim Umbau des Gesundheitswesens zum Thema hat.

Ken Jennings hat einen Doktortitel der Purdue University (»Organizational Behaviour«), ein Master-of-Science-Diplom des Air Force Institute of Technology (Management) und ein Bachelor-of-Science-Diplom der United States Air Force Academy (Verhaltenswissenschaft). Die Kontaktaufnahme zu Ken Jennings ist unter Ken.Jennings@ventureworks.org möglich.

John Stahl-Wert, D.Min.

John Stahl-Wert ist Präsident der *Pittsburgh Leadership Foundation (PLF)* in Pittsburgh, einer seit 25 Jahren bestehenden, auf dem christlichen Glauben basierenden Organisation, die mit Führungskräften der Wirtschaft, der Verwaltung und von gemeinnützigen Organisationen zusammenarbeitet, um sich um menschliche und soziale Probleme zu kümmern. Er leitet einen Stab von 25 Führungskräften, die über ein Budget von 12 Mio USD jährlich verfügen, um damit Projekte zur Verbesserung der Lebensbedingungen sozial schwacher Menschen zu finanzieren.

Neun Jahre lang hat zu John Stahl-Werts Arbeit in der *Pittsburgh Leadership Foundation (PLF)* auch die Gründung gemeinnütziger Organisationen gehört. Zu seinen weiteren Tätigkeitsschwerpunkten zählten zudem die Einrichtung wirtschaftsorientierter Initiativen zur Linderung sozialer Not und die Ausbildung zahlreicher Non-Profit-Manager.

Er ist außerdem Mitglied der Fakultät »Organizational Leadership« am Geneva College, wo er in den Bereichen Ethik und Servant Leadership Lehrveranstaltungen abhält. Bei seinen Studenten handelt es sich zumeist um gestandene Führungskräfte aus den unterschiedlichsten Wirtschaftsbereichen, die in die Vorlesungen reale Führungsprobleme aus der Arbeitswelt einbringen.

Ehe er Präsident der PLF wurde, gründete und leitete er das *Council of Leadership Foundations Training Institute*, das mit Stiftungen in dutzenden von Städten der USA zusammenarbeitet und deren jeweilige kommunale Bedeutung und Wirkung verstärkt. Er hat zahlreiche Vorlesungen über Management im sozialen Bereich abgehalten und ist auf zahlreichen Kongressen in den USA, in Asien, Afrika und Lateinamerika als Vortragsredner aufgetreten.

John Stahl-Wert ist als Pastor der Mennonitischen Kirche ordiniert und derzeit mit Kontroll- und Unterstützungsaufgaben für andere Gemeinden und Pastoren beauftragt. Er hat einen Doktortitel des Eastern Baptist Theological Seminary, einen MA-Titel in Theologie vom Associated Mennonite Seminary und einen Bachelor-of-Science-Titel für Soziologie und Sozialarbeit der Eastern Mennonite University.

John Stahl-Wert hat sein Leben der Aufgabe gewidmet, der Stadt Pittsburgh und ihren Einwohnern in Liebe zu dienen. Fast jeden Abend kann man ihn dabei beobachten, wie er seiner Frau bei der Zubereitung des Abendessens hilft oder wie er sich gerade wieder einmal darüber wundert, wie schnell seine Kinder heranwachsen.

Business-Bücher für Erfolg und Karriere

Erfolgreiche Teamarbeit
220 Seiten
ISBN 978-3-89749-585-2

Wenn die anderen das Problem sind
218 Seiten
ISBN 978-3-89749-586-9

Methodenkoffer Führung und Zusammenarbeit
350 Seiten
ISBN 978-3-89749-587-6

Methodenkoffer Persönlichkeitsentwicklung
350 Seiten
ISBN 978-3-89749-672-9

Das Leuchtturm-Prinzip
184 Seiten
ISBN 978-3-89749-627-9

Der Omega-Faulpelz
144 Seiten
ISBN 978-3-89749-628-6

Projektmanagement
208 Seiten
ISBN 978-3-89749-629-3

Soft Skills für Young Professionals
648 Seiten
ISBN 978-3-89749-630-9

Vertrauen und Führung
160 Seiten
ISBN 978-3-89749-670-5

5 coole Ideen
140 Seiten
ISBN 978-3-89749-671-2

Small Talk von A bis Z
160 Seiten
ISBN 978-3-89749-673-6

Toolbox Business-Kommunikation
140 Seiten
ISBN 978-3-89749-674-3

Informationen über weitere Titel unseres Verlagsprogrammes erhalten Sie in Ihrer Buchhandlung, unter **info@gabal-verlag.de** oder **www.gabal-shop.de**.

GABAL — Bücher für Management

Verkäufer Coaching
190 Seiten, gebunden
ISBN 978-3-89749-570-8

Strategischer Verkauf
192 Seiten, gebunden
ISBN 978-3-89749-650-7

Unternehmensführerschein
256 Seiten, gebunden
ISBN 978-3-89749-575-3

Die Umsatz-Maschine
240 Seiten, gebunden
ISBN 978-3-89749-631-6

FOODSPORT®
272 Seiten, gebunden
ISBN 978-3-89749-633-0

Erfolgreich als Sachbuchautor
336 Seiten, gebunden
ISBN 978-3-89749-632-3

Value of Investment
157 Seiten, gebunden
ISBN 978-3-89749-634-7

Die heiligen Kühe und die Wölfe des Wandels
400 Seiten, gebunden
ISBN 978-3-89749-666-8

Das 21. Jahrhundert ist weiblich
270 Seiten, gebunden
ISBN 978-3-89749-667-5

TQS – Total Quality Selling
250 Seiten, gebunden
ISBN 978-3-89749-668-2

Die fünf ZukunftsBrillen
250 Seiten, gebunden
ISBN 978-3-89749-669-9

Was Führungskräfte und Mitarbeiter vom Spitzensport lernen können
192 Seiten, gebunden
ISBN 978-3-89749-653-8

Informationen über weitere Titel unseres Verlagsprogrammes erhalten Sie in Ihrer Buchhandlung, unter **info@gabal-verlag.de** oder **www.gabal-shop.de**.